我心宽容 自有力量

WOXIN KUANRONG ZIYOU LILIANG

孟令玮 编著

当一只脚踏在紫罗兰的花瓣上时，它却将香味留在了那只脚上，这就是宽容。

煤炭工业出版社
·北京·

图书在版编目(CIP)数据

我心宽容,自有力量/孟令玮编著. --北京:煤炭工业出版社,2018(2021.6重印)
 ISBN 978-7-5020-6466-2

Ⅰ.①我… Ⅱ.①孟… Ⅲ.①人生哲学—通俗读物 Ⅳ.①B821-49

中国版本图书馆 CIP 数据核字(2018)第 015230 号

我心宽容 自有力量

编　　著	孟令玮
责任编辑	马明仁
编　　辑	郭浩亮
封面设计	浩　天
出版发行	煤炭工业出版社(北京市朝阳区芍药居 35 号　100029)
电　　话	010-84657898(总编室)
	010-64018321(发行部)　010-84657880(读者服务部)
电子信箱	cciph612@126.com
网　　址	www.cciph.com.cn
印　　刷	三河市京兰印务有限公司
经　　销	全国新华书店
开　　本	880mm×1230mm $^1/_{32}$　印张　$7^1/_2$　字数　150 千字
版　　次	2018 年 1 月第 1 版　2021 年 6 月第 3 次印刷
社内编号	9346　　　　　定价　38.80 元

版权所有　违者必究

本书如有缺页、倒页、脱页等质量问题,本社负责调换,电话:010-84657880

前　言

　　宽容是做人的一种境界，是一种仁爱的光芒，是对别人的释怀，也是对自己的善待。法国作家雨果曾说："世界上最广阔的是海洋，比海洋还要广阔的是天空，比天空更广阔的是人的胸怀。"大海因为宽广，所以可以波浪滔天；天空因为宽广，所以可以包容万物；而人也因为胸怀宽广，才可以笑傲一切。

　　莎士比亚曾说过："有时，宽容比惩罚更有力量。"的确，宽容是一种美德。因为你的宽容，亲人爱护你、朋友信赖你、同事喜欢你，你周围所有的人都会欢迎你的到来。这就是宽容的力量。

　　宽容是一种美德。大千世界，形形色色，倘若以己之优势推人，便会无一良善；倘若以己之喜好遇人，便会无一知己；倘若以己之肚量度人，自会蝇营狗苟。只有宽容他人，才会提升自己。刘备的容人，使他成就了江山；曹操的多疑，使他损兵折将。虚怀若谷的人，人皆爱之；小肚鸡肠的人，人皆远之。宽容，会使你的交友圈子越来越大，我为人人，人人为我。

宽容是一种胸怀。生活中我们常常会为别人的升迁、别人的得志、别人的发财、别人的艳遇而心怀芥蒂，心态失衡，难以做到镇定自若、安之若素。那么，宽容就如一剂醍醐灌顶的良药，使你悬崖止步，心如止水。一个人若是做了私欲与诱惑的奴隶，定会为名所累，为利所羁，为情所困。常常艳羡别人的一夜暴富、一步登天、一见钟情，自会常怀戚戚之心、常恨命运不公。那样，必会使人心浮气躁，难得安宁。宽容，才会使人不慌乱，不急躁，不屈服，不将就，达到"自信人生二百年，会当水击三千里"的博大境界。

让我们用一颗平常心去欣赏宽容之美吧！只有事事处处时时宽容，才能达到人生的大智慧，高境界；只有把生命的哲学修炼到宽容的高度，才能使心灵的百花园花更红，草更绿，风光无限！

目 录

|第一章|

淡泊从容的博大胸怀

心胸宽阔，方能成大事 / 3

宽容所受的痛苦，换来甜蜜的结果 / 10

海纳百川，锱铢必较难成大器 / 15

放下才能解脱，宽恕从心开始 / 21

包容琐碎，给心灵减负 / 25

心存爱心，珍惜身边的每一份情 / 30

送人玫瑰，手有余香 / 34

懂得分享，独乐乐不如众乐乐 / 39

|第二章|

心平才能气和

感谢指出你错误的人 / 49

气大伤身,心平才能气和 / 56

面对他人的恶言,先从自身找原因 / 62

用宽恕的心感受生活 / 67

放下敏感,往往会让结果变得更好 / 72

人生当有不同,何必去比较 / 80

原谅别人,迎来心灵的晴天 / 85

少一个敌人,就多一个朋友 / 92

学会遗忘,过去的就过去了 / 98

| 第三章 |

宽容大度,方成大气

宽容大度,方能成大气 / 105

宽容别人,快乐自己 / 110

你若能宽容世界,世界就能容你 / 115

宽容是一种智慧 / 118

宽容是一种无私的爱 / 122

宽容是伴随一生的处世学问 / 126

少些浮躁怒气,多些宁静淡泊 / 132

量力而行,不要过分苛求自己 / 139

善于调节,忘记该忘记的 / 143

忘记痛苦,苦水只会越吐越苦 / 146

|第四章|

宽容处世的哲学

放下成见,换一个角度去理解他人 / 153

懂得尊重,为别人留一分颜面 / 160

给别人让路也是给自己让路 / 163

坦然做人,释放你的信任 / 169

君子成人之美,不成人之恶 / 172

忍小节,方能成大事 / 176

能忍,方能守得云开见月明 / 184

退步,是为了更好地前进 / 191

遇事需冷静,三思而后行 / 196

目 录

|第五章|

不因打翻牛奶而哭泣

不因打翻牛奶而哭泣………………………………………… 203

善待不幸,找到另一个出口………………………………… 209

感谢挫折,它是超越自我的契机…………………………… 214

宽容别人就是善待自己……………………………………… 224

第一章

淡泊从容的博大胸怀

第一章　淡泊从容的博大胸怀

心胸宽阔，方能成大事

在生活中，心胸狭隘的人成就小事是有的，这叫小人得志，但是要想做一番大事业，简直是天方夜谭、痴人说梦。因此，只有敞开胸怀，才能收获非凡的成就。

爱因斯坦曾说："对于我来说，生命的意义在于设身处地地替人着想，忧他人之所忧，乐他人之所乐。"一个人只有学会宽容，才有包容万物的气度，他的胸怀便如大海般宽广，任波浪滔天，一切尽在掌握。宽容是每个成大事的人所必须具有的素质，他可以吸收所有人的力量而为己所用，他可以集合所有人的智慧铸就自己的辉煌。

拿破仑在长期的军旅生涯中养成了宽容他人的美德。作为全军的统帅，少不了训斥部下，但他每次都能照顾到士兵的情绪。他对士兵的这种尊重，也使整个军队更加团结，手下的将领也更愿意为他卖命，而这种凝聚力也让他的军队成为一支攻无不克、战无不胜的劲旅。

在一次战斗中，拿破仑夜间巡岗时发现一名巡岗士兵倚着旁边的大树睡着了。他并没有责骂他，也没有将他叫醒，而是拿起他的枪替他站起了岗。士兵醒来后见到主帅，心中十分恐慌，急忙向拿破仑请罪，但拿破仑却很和蔼地对他说："你们作战很辛苦，又走了那么远的路，打瞌睡是可以原谅的，但是目前一个小疏忽就有可能送了你的小命，我不困，所以替你站了一会儿，但下次一定要小心。"

正是因为拿破仑的这种宽容，让他在士兵中树立了很高的威信，所以他的士兵才可以横扫欧洲，建立了法兰西帝国。

在中国古代史上，唐朝的地位是不可忽视的，其深远的影响力甚至已经超出了历史的界限，一直延续到现在。至今，海外华人聚居地仍然习惯上称为"唐人街"，唐装仍然作为一种时尚的潮流长盛不衰。从古至今，还没有哪个朝代的影响可以像它那样深远。至今，人们嘴里仍然喊着"梦回唐朝"以示对那个朝代的怀念。而所有的这一切都离不开这个朝代的缔造者——唐太宗李世民的功劳。

李世民是我国帝王史上亨有盛名的一位君主，他开创了一个黄金时代，使我国的封建社会达到了顶峰。身为一代明主，在他身上有着其他君主很少有的品质，这就是宽容、博大。

玄武门之变以后，李世民登上了帝王的宝座，当时许多人主张把建成与元吉的党羽斩尽杀绝，但李世民没有这么做，而是以高祖的名义下令招抚人心，得到了像魏徵、王圭等这样的名臣。而这些人也的确不负唐太宗的厚望，对朝廷鞠躬尽瘁，从而开创了唐初的清明盛世。

太宗皇帝的文采也很高。中秋之夜，太宗皇帝在后宫大宴群臣，借着酒兴，自己赋了一首宫体诗，然后交与众人品评。没想到大臣虞世南当众劝李世民不要做这样的诗，因为诗作的内容并不高雅，若民间也争相效仿，到时奢靡之风定会盛行，而这种风气对国家的安定繁荣是不利的。当时太宗皇帝兴致正浓，没想到当众被泼了一盆冷水，其难堪可想而知。但是太宗皇帝并没有生气，反而因为虞世南大胆直言而奖励了他。

此外，唐太宗的书法也写得十分漂亮，尤其擅长飞白书。一次大宴群臣，酒酣之际，众大臣向太宗皇帝索要墨宝，太宗写完之后便童心大发，将纸高高举起令众人争抢。众大臣也忘了礼数，刘洎居然跳上了龙椅一把将字抢了过来。龙椅是古代帝王的象征，代表着皇帝至高无上的权威，是不允许任何人侵犯的。有些头脑清醒的大臣立刻意识到了事情的严重性，刘洎也意识到自己闯了大祸，酒醒了一大半。谁知太宗皇帝却没有治他的罪，而是半开玩笑地问他有没有扭伤脚，当时的气氛立刻缓和了下来，大臣们又尽兴玩乐起来。

在历史上，太宗皇帝一直以善于纳谏著称。对于古代君王而言，尽管个个标榜从谏如流，但是真正懂得忠言逆耳这个道理的却不多见。太宗皇帝之所以能做到这点，就是因为拥有其他帝王难以企及的宽广心胸。

太宗皇帝宽广的胸怀，在对待少数民族的政策上再一次体现出来。唐朝是一个多民族的国家，但是各民族却可以和睦相处，这与太宗皇帝开明的统治是分不开的。他不但制止了少数民族的骚扰，还恢复了同西域及中亚、西亚国家人民交往的通道，使唐朝的影响力远波到世界各地。

第一章　淡泊从容的博大胸怀

对于少数民族首领，唐太宗也体现出了难得的信任。当时，不少部落首领甚至被允许在长安任职，不少将领成了军队的首领，几乎参与了所有的战争。有的少数民族将领甚至还在禁军中担任要职，负责保卫整个皇宫的安全。而这些少数民族将领，也无不尽心竭力，为缔造盛世唐朝做出了不可磨灭的贡献。在中国帝王史上，也只有唐太宗才有这样的心胸，因此，也只有他才创出了令常人难以企及的万古基业。当时的长安城，不仅是各民族的大都会，也是世界性的大都市。唐朝以泱泱大国的气度，征服了周边国家，形成了万国来朝的局面。

一个人的胸怀，决定一个人的气度；一个人的气度，又决定了一个人的作为。无论是谁，要想成功，就要获取别人的帮助，这就需要我们学会容人。如果你心中只有自己，那么能利用的也只有自己，就算你再有才华，也难以做出多么辉煌的业绩。只有敞开胸怀，以一种包容的心态接纳一切，我们才有望取得成功。

有句谚语是这样说的："肚内能放一座山，才算英雄汉。"一个人的心胸决定着他所取得的成就。我们常说"宰相肚里能撑船"，是说当宰相的，人其性格是必须具备相当大的气量。

懂得宽容的人，胸怀就会像大海一样宽广，他们会汇聚起所有的力量而为我所用。毕竟，一个人的力量是有限的，只有众人的力量才是无穷的。心胸狭隘，不能容人，就会让自己陷入孤立之中，最终的结果只能是失败。

古人云："以小人之心，度君子之腹。"尽管心胸狭小的人不一定是小人，但是他们经常患得患失，无中生有，疑神疑鬼，草木皆兵。

有个人在夜里做了一个梦，在梦里，他见到一位头上戴着白色帽子、脚上穿着一双白鞋、腰间佩带着一把黑剑的壮士，壮士大声责骂他，并把口水吐到他的脸上……于是，他从梦中惊醒过来。

第二天，他闷闷不乐地对朋友说道："从小到大，我还没有受到过别人的欺负。但是昨天夜里在梦中却被人辱骂，还吐了我一脸的口水，我咽不下这口气，一定要把这个人找出来，否则我就不活在这个世界上了。"

从此，每天一早起来，他就站在人山人海、熙来攘往的十字路口，寻找梦中的仇人。半年过去了，他依然没有找到梦里的那个人，并且内心的仇恨也是越来越深。

后来，他竟然自杀了。

其实，我们常常假想一些与己为敌的人——这在心胸狭隘的人那里尤为盛行，而后在心里积聚更多的仇恨，这些仇恨又转化为毒素，最终把自己活活地给毒死。

心胸宽广，就要求我们要学会宽容，可以原谅曾经伤害过我们的人或事。毕竟，一个人最大的痛苦不是遭遇痛苦，而是让自己沉浸在痛苦中不能自拔。所以，何妨给别人一次改过自新的机会，而自己也可以收获一份平静，何乐而不为呢？

宽容所受的痛苦，换来甜蜜的结果

具有宽容心的人，心大，心宽。但宽容的人，绝不是那种佝偻着背、委曲求全的"君子"。当然，宽容是一种心智极高的修养，也是一种理念，是一种至高的精神境界，说到底是对待人世的一种态度。

有一位哲人说过：宽容和忍让的痛苦，能换来甜蜜的结果。能否原谅曾经反对过自己的人，是能否做到成功用人的一个重要方面。对于现代的领导者来说，要想吸引能人，做到成功用人，就必须要有宽大的胸怀，要具备宽容体谅反对者的素质。对于一个企业家而言，如果其具有不计前嫌的胸襟，直接关系到他能否纳才、聚才和用才，而且也关系着企业的发展前途。因此，

第一章 淡泊从容的博大胸怀

一个优秀的领导者对于有才华的反对者就应以宽广的胸怀、大度的气量主动去接近、重用他们，让他们感受到你的爱才之心和容才之量，从而使他们改变对你的态度，并愿意为你所用；同时，也让你更富有吸引优秀人才加盟的个人魅力。

在唐朝时期，有一个吏部尚书，胸怀宽广，心境豁达，满朝大臣都对他敬重有加。

他有一匹皇上赐予的好马和一副马鞍。一次，他的部属没有和他商量，就骑着他的好马出去了。不巧的是，那个部属不小心把马鞍摔坏了。下属吓得不知所措，只能连夜出逃。

吏部尚书了解事情的经过后，马上让人把他找了回来。当然，所有的人都为那个部属捏了一把汗，但出人意料的是，吏部尚书笑了笑对他说："皇上的赏赐只是对我的能力的认可，而并非是一个马鞍。你又不是故意弄坏了马鞍，完全不必像犯了滔天大罪似的逃跑。"

还有一次，吏部尚书在一次战争中得到了许多稀世珍宝，回来后，他就拿出来与大家一起欣赏把玩，其中，一个非常漂亮的玛瑙盘，被一个部属不小心摔了个粉碎。这个惹了大祸的部属吓得立刻跪了下来赔罪，但吏部尚书却宽容地对他说：

"你不是故意的，你没有错啊！"大家见吏部尚书一脸轻松的表情，一颗悬着的心总算落了地，而且对他是更加敬佩。

面对繁杂的大千世界，宽容是居高位者所必备的素质，对于所谓的"异己"，如果在不涉及大是大非的前提下，就应该不去打击、贬抑、排斥，而是应该学会宽容、包容、赞美和与其和谐共处，有如前文中的吏部尚书一样。

心胸狭隘的人，往往不会相信任何人，也得不到朋友的关怀和友谊，因此人生的路也就会越走越窄。有句话说：化干戈为玉帛者是机智坦荡之人，化仇恨为友情者是胸怀博大之人。忍一时风平浪静，平息一点点怨恨，都会使你终身受益。

在三国时期，一次，袁绍发布了一个讨伐曹操的檄文，在檄文中，曹操的祖宗三代都被骂了个畅快淋漓。

曹操看了檄文之后，问手下的人："这是谁写的？"手下的人认为曹操一定会雷霆震怒，于是小心翼翼地说："听说是陈琳写的。"出人意料的是，曹操竟对檄文赞赏有加："陈琳这小子的文章还真不赖，骂得痛快。"

后来发生了官渡之战，袁绍大败，陈琳也被曹操的兵士们捉住。陈琳心想：当初自己把曹操的祖宗都骂了，必死无疑。

然而，曹操不仅没有杀陈琳，而且还让他做自己的文书。一次，曹操开玩笑说："你的文笔是不错，但你在檄文中骂我就可以了，为什么还骂我的父亲和祖父呢？"

后来，深受感动的陈琳为曹操出了不少好计策，使曹操颇为受益。

曹操作为乱世枭雄，面对死对头陈琳的陈年老账不仅不治罪，甚至还加以重用，其心胸之宽广可见一斑。众多贤才良将居于曹操麾下也就不难理解了。

凡是宽容的人都比较乐观豁达，他们对任何事情能够看得开，想得远，还能够对别人的不同意见从理解的角度出发，尊重别人的不同想法，从不把自己的观念强加于人，从不是那种"顺我者昌，逆我者亡"的极端个人主义。宽容的人能够给予别人思考和表达见解的权利，宽容将会带来和谐和进步。

一个人要想成功的话，不要只想着自己，不要只顾及自己的感受，也要从别人的角度来进行换位思考，从不同角度多为别人着想，对别人宽容大方。这样做了，别人也会将心比心，你一旦需要帮忙也会得到他们的支持，成功就会离你不远了。

在这个竞争激烈、商业味十足的社会里，合作无时无处不在，要想合作成功，就不要拘泥于对方的缺点，也不要太过于计较利益，只要能够"互惠互利、合作共赢"就可以了。如果你一直是个"个性十足"的强硬派，丝毫不肯宽容退让，而失去了合作，错失了生意良机，到头来吃亏的还是你自己。即使面对一个经常反对、掣肘你的人，哪怕是你的竞争对手，你也要保持一颗宽容处之的心，最后往往会"化干戈为玉帛"，说不定还会成为你的嫡系和死党。因为你要知道，如果一味地针尖对麦芒的话，实质上是自己跟自己过不去，生气烦恼的是自己，这无异于是给自己制造麻烦，于人于已没有任何好处。

富兰克林说："宽容大度的人应当袒露自己一些缺点，以便使朋友们不致难堪。"如果一个人不能有宽广的胸怀，不能虚怀若谷，他就不会知道别人的见解和想法，也不会吸收别人的优点和长处，他们会处在一个闭门造车的境地，失败对于他们来说是不可避免的。只有宽容的人，才能够善于完善自身的发展和提高素质。

第一章　淡泊从容的博大胸怀

海纳百川，锱铢必较难成大器

> 宇宙由于宽广，所以才有了众多的生命，这个世界才充满了生机；大海因为宽广，所以才可汇聚涓涓细流，才有了波浪滔天的壮观；胸怀只有宽广，才能集聚众人的智慧，才能成就一番伟业。

俗话说：海纳百川，有容乃大，壁立千仞，无欲则刚。只要大家少一点儿心浮气躁，多一点儿包容之心，任何不快都可以避免。其实忍一时风平浪静，退一步海阔天空，又何必为了一点儿小事而怀恨不已呢？这样做不仅对他人不利，对自己也是一点儿好处都没有。

有一只蚌在水中畅游的时候，一粒沙子不经意间进入了它的体内，从此它的苦难便开始了，那粒沙子不断磨擦着它的肉体，它在痛苦中挣扎着，终于有一天，那粒沙子竟然变成了一颗晶莹透亮的珍珠。

包容苦难的结果使一只伤痛的蚌变成了一只高贵的蚌，所以命运是公平的，没有什么好抱怨的，如果有那就该抱怨我们对待生活的方式，用一颗温柔之心去包容生活中的苦难，就会把痛苦变成美丽的点缀，柔弱的蚌包容和改变着那粒沙子，最后使它成为自己身体里最美好的一部分。每个人的心中都有一粒沙子，日夜折磨着疲惫的生命，有多少人能对那粒沙子报以宽容的一笑呢？

小洛克菲勒在1951年的时候，还是科罗拉多州的一个不起眼的人物。当时，发生了美国工业史上最激烈的罢工，并且持续两年之久。愤怒的矿工要求科罗拉多燃料钢铁公司提高薪水，小洛克菲勒正负责管理这家公司。由于群情激奋，公司的财产遭受破坏，军队前来镇压，因而造成了流血，不少罢工工人被射杀。

那样的情况，可谓是民怨沸腾，小洛克菲勒后来却赢得了罢工者的信服。他是怎么做到的呢？小洛克菲勒花了好几个星

第一章　淡泊从容的博大胸怀

期结交朋友，并向罢工代表发表谈话。那次的谈话可称之为不朽，不但平息了众怒，还为他自己赢得了不少赞赏。演说的内容是这样的：

这是我一生中最值得纪念的日子，因为这是我第一次有幸能和这家大公司的员工代表见面，还有公司行政人员和管理人员。我可以告诉你们，我很高兴站在这里，有生之年都不会忘记这次聚会。假如这次聚会提早两个星期举行，那么对你们来说，我只是一个陌生人，我也只认得少数的几张面孔。由于上星期以来，我有机会拜访附近整个南矿区的营地，私下和大部分代表交谈过。我拜访过你们的家庭，与你们的家人见面，因而现在我不算是一个陌生人，可以说是朋友了。基于这份相互的友谊，我很高兴有这个机会和大家讨论我们的共同利益。由于这次会议是由资方和劳工代表所组成的，承蒙你们的好意，我得以坐在这里。虽然我并非股东或劳工，但我深感与你们关系密切。从某种意义上说，也代表了资方和劳工。

正是这篇出色的演讲，从而使小洛克菲勒和劳工化敌为友。假如小洛克菲勒采用另一种方法，与矿工争得面红耳赤，用不堪入耳的话骂他们，或用话暗示错在他们，用各种理由证明矿工的不是，你想结果如何？只会招惹更多的怨愤和暴行。

不过，每个人都不是完美的，都会说错话，也会做错事。如果一个人对自己做错的事却不知道悔改，就不会进步，当然对自己的成长也就非常不利。如果你想赢得人心，首先要让他人相信你是最真诚的朋友。那样就像有一滴蜂蜜吸引住他的心，也就有了一条坦然大道，通往他的内心深处。但是，对于某些人却不能这样做，你宽容了他们，他们会反咬你一口，这就说明宽容是有条件的，就是你要了解人的本性，什么样的人可以宽容，什么样的人根本是不能宽容的。

还记得农夫与蛇的故事吗？

冬天，农夫发现一条冻僵了的蛇躺在地上，他很可怜它，便把它放在自己怀里。蛇苏醒了过来，恢复了它的本性，于是，咬了它的救命恩人一口，夺走了农夫的命。

农夫临死前说："我该死，我怜悯恶人，应该受到恶报。"

这故事说明，即使对恶人仁至义尽，他们的邪恶本性也是不会改变的。所以，对待那些恶人，你的宽容就是你的罪过。救了恶人害了自己，还留给社会许多不稳定的因素，在某种意义上说，你救的不是你的恩人，而是罪犯的帮凶。

第一章 淡泊从容的博大胸怀

著名作家李奥·巴斯卡力之所以取得了卓越的成就，完全得力于小时候父亲对他严格的教育，因为每当他吃完晚饭时，他父亲就会问他："李奥，你今天学了什么？"这时李奥就会在学校学到的东西告诉父亲。如果实在没有什么好说的，他就会跑进书房拿出书学习一点儿东西告诉父亲后才上床睡觉。这个习惯一直到他长大后还维持着，每天晚上他都会让自己学到一些东西才肯上床睡觉。

正所谓"人至察则无徒"，你对他人的宽容，其实也就是在欣赏这个人的优点。一个不会欣赏他人优点的人，是不能与他人很好合作的，这样也就不会很好地利用别人的优点。不会宽容他人的人很容易抓住别人的缺点不放，这样活着不仅对他人是一种最深的伤害，对自己也是一种则折磨。假如你愿意让自己快乐，让别人快乐，那就应该学会宽容。而且，当你这么做了，你也会得到别人的加倍补偿。

宽容能赢得一切。对我们的朋友宽容，可以获得珍贵的友谊；对我们的亲人宽容，可以获得宝贵的亲情；对我们的同事宽容，可以获得良好的人际关系；对那些对我们造成伤害的人宽容，可以收获一份安然、宁静与快乐。心理学家认为：适度宽容，对于改善人际关系和身心健康都是有益的。大量事实证明，不会宽容别人，处处斤斤计较，也会对我们自己的心理健康造成不利的影响，因为那样会使自己经常处于一种紧张状态之中。由于内心的矛盾冲突或情绪危机难以化解，极易导致内分泌失调，继而会引起一系列生理上的疾病。而一旦宽恕别人，心理上便会经过一次巨大的转变和净化，这对生活、学习以及事业发展都将起到很大的帮助。

放下才能解脱，宽恕从心开始

宽恕曾经伤害过自己的人，不是接受他做的那些伤害自己的事情。宽恕他，只是卸下心里的包袱。当我们放下这种仇恨的包袱时，无论是面对朋友还是仇人，我们都能够赠以甜美的笑容。

勃朗宁说："能宽恕别人是一件好事，但如果能将别人的错误忘得一干二净，那就更好。"宽恕是我们重新焕发青春与热情，顺畅工作和生活道路的保障。一旦我们意识到宽恕的精神力量，就好像我们已经坐在了司机的座位上，我们就能将车子平稳地、迅速地开上大道。现在，我们是否在责备自己的同事，认为他对我们做错了什么事情？我们是否因同事过去的错误依然怨恨此人？我们是否有些相信"倘若不是因为他，我本来会更幸福和更成功的"？我们认为这样做有用吗？我们是否意识到，在生活中，我们放不下什么，什么就会紧紧抓住我们？我们是否曾对自己说"我一定会记住人们是怎样对待我的"？作为平常人来讲，要使这些感觉不被重新记起，的确十分困难。然而，这不是不能做到的。一旦我们真正开始理解宽容能调解一切纠纷，那么，我们就会得到同事的认可和心灵的宁静。

美国第三任总统杰斐逊与第二任总统亚当斯从交恶到宽恕就是一个生动的例子。杰斐逊在就任前夕，到白宫去想告诉亚当斯，他希望针锋相对的竞选活动并没有破坏他们之间的友谊。但据说杰斐逊还来不及开口，亚当斯便咆哮起来："是你把我赶走的！是你把我赶走的！"从此两人断绝联系达数年之久，直到后来杰斐逊的几个邻居去探访亚当斯，这个坚强的老人仍在诉说那件难堪的事，但接着脱口说出："我一直都喜欢杰斐逊，现在仍然喜欢他。"邻居把这话传给了杰斐逊，杰斐逊便请了一个彼此皆熟悉的朋友传话，让亚当斯也知道他的深重友情。后来，亚当斯回了一封信给他，两人从此开始了美国历史上最伟大的书信往来。这个例子告诉我们，宽容是一种多么可贵的精神、多么高尚的人格。

如果我们因为愤恨而相识,不可否认的是,在我们的心里已经牢牢记住了对方的名字;如果我们因为整天想着如何去报复对方而心事重重,内心极端压抑,那么倒不如放下仇恨,宽恕对方。

宽容说起来简单,可做起来并不容易。宽容是一种修养,一种气度,一种德行,更是一种处世的学问。如果我们每个人都能做到宽容,那么,我们的社会就会变得更加友善和美好。所以,我们在与他人相处的过程中,就应该记住一位哲人所讲的话:"航行中有一条规律可循,操纵灵敏的船应该给不太灵敏的船让道。"尤其是在我们的工作中,当我们与同事发生矛盾时,我们更要做到宽容,做一个肯理解、容纳他人优点和缺点的人,才会受到人们的欢迎。因此,为了培养和锻炼良好的心理素质,我们要勇于接受宽容的考验,即使在情绪无法控制时,也要忍一忍,就能避免急躁和鲁莽,控制冲动的行为。

达·芬奇在米兰的圣母教堂画《最后的晚餐》中耶稣的面容时遇到一件令他十分气愤的事,他与共事的员工发生了争执。

事后,他心中充满了怒气,所有的艺术灵感都消失殆尽。达·芬奇仍旧尽自己的努力去画,但他还是画不好耶稣的面容。他又一次次尝试却都失败了，他开始沮丧和不安。最后，达·芬奇终于认识到，他的怒气赶跑了他在创作中必不可少的宁静的心境。他立刻放下画笔，找到那个跟他争吵的人，向那个人道了歉，并请求宽恕。问题解决了，达·芬奇带着宁静与慈祥的心境回到工作上，灵感从他的笔端涌流而出。艺术家以他宽恕的心境抓住了这个奇妙的时刻。直到今天，教堂四壁许多都已毁坏，然而，《最后的晚餐》在世界艺术宝库中仍占有着光辉的一页。

在遭遇到他人的伤害时，不要总想着去报复别人，以解心头之恨。冤冤相报何时了？想想他曾给予你的关怀和帮助，想想他对你的一切好处，这样就能以宽容的心态宽恕别人错，消除彼此之间的误会。要知道，宽容别人，受益的是自己。

所以，要学会对伤害过自己的人和敌人说一声"谢谢"，而忘记别人对自己情感或自尊的伤害。不该那么苛求地要求别人，也许自己也无意伤害过别人，正期待着宽容与谅解！

包容琐碎，给心灵减负

> 当真正宽容产生时，没有怨恨留下，没有伤害，只有愈合。宽容是一种医治的力量。宽容可以构建一个融合的环境，让大家处在和谐的状态下，共同进步。

安妮·韦斯特曾说过："心灵总是具有宽容的力量。"有句谚语这样说："能宽容他人，就能结束争吵。"

有一个故事讲的是单位里调来一位新主管，据说是个能力很强的人，专门派来整顿业务的；可是日子一天天过去，新主管却毫无作为，每天彬彬有礼地进入办公室后，便躲在里面难得出门，那些本来紧张得要死的坏分子，现在反而更猖獗了。

他哪里是个能人呀！根本是个老好人，比以前的主管更容易哦!

4个月过去,就在大家对新主管感到失望时,新主管却发威了——坏分子一律开除,能人则获得晋升。下手之快,断事之准,与4个月前表现保守的他,简直像换了个人。

年终聚餐时,新主管在酒过三巡之后致辞:"相信大家一定对我刚到任期间的表现,和后来的大刀阔斧,感到不解,现在听我说个故事,各位就明白了:我有位朋友,买了栋带着大院的房子,他一搬进去,就将那院子全面整顿,杂草树一律清除,改种自己新买的花卉,某日原先的屋主来访,进门大吃一惊地问:'那最名贵的牡丹哪里去了?'我这位朋友才发现,他竟然把牡丹当草铲了。

后来,他又买了一栋房子,虽然院子更是杂乱,他却是按兵不动,果然冬天以为是杂树的植物,春天里开了繁花;春天以为是野草的,夏天里成了锦簇;半年都没有动静的小树,秋天居然红了叶。直到暮秋,他才真正认清哪些是无用的植物,而大力铲除,并使所有珍贵的草木得以保存。"说到这儿,主管举起杯来:"让我敬在座的每一位,因为如果这办公室是个

第一章 淡泊从容的博大胸怀

花园,你们就都是其间的珍木,珍木不可能一年到头开花结果,只有经过长期地观察才认得出。"

在现实生活中,也许我们感到被某同事说的话所伤害;也许我们感到被人利用;也许我们的自尊被伤害,因为在工作或人际关系中,我们被认为理应如何如何。无论原因是什么,由于我们感到委屈,我们可能会带着怨恨的情绪工作。旧日的委屈、怨恨和不平,可能使你感到眼前的一切似乎都没法容忍。

我听过这样一个故事:

一位从日本战俘营死里逃生的人,去拜访另一个当时关在一起的难友。

他问这位朋友:"你已原谅那群残暴的家伙了吗?"

"是的!我早已原谅他们了。"

"我可是一点儿都没有原谅他们,我恨透他们了,这些坏蛋害得我家破人亡,至今想起仍让我咬牙切齿!恨不得将他们千刀万剐。"

他的朋友听了之后,静静地应道:"若是这样,那他们仍监禁着你。"

每一个人都可能遇上类似的事,如果把它始终记在心上,那么这种不幸会永远跟着你,即使你遇上高兴的事儿,其兴奋程度也会大打折扣。如果非要给宽恕找个理由,那么最好的理由就是:让自己的心灵获取自由。所以我们说:宽容使给予者和接受者都受益。

我们都知道,要是我们都怀有一颗宽容的心,就算双方之间存在着很深的误会,也会渐渐地消除,并最终得到彼此的原谅。

曾有一个故事讲的就是早年在美国阿拉斯加的地方,有一位农夫,他的太太因难产而死,留下一孩子。

他忙于农活儿,又忙于看家,因没有人帮忙看孩子,就训练一只狗,那狗聪明听话,能照顾小孩,咬着奶瓶喂奶给孩子喝,抚养孩子。

有一天,主人出门去了,叫它照顾孩子。

他到了别的乡村,因遇大雪,当日不能回来。第二天才赶回家,狗闻声立即出来迎接主人。他把房门打开一看,到处是血,抬头一望,床上也是血,孩子不见了,狗在身边,满口也是血,主人发现这种情形,以为狗的野性发作,把孩子吃掉了,大怒之下,拿起刀来向着狗头一劈,把狗杀死了。

之后，忽然听到孩子的声音，又见他从床下爬了出来，于是抱起孩子，他看到孩子虽然身上有血，但并未受伤。

他很奇怪，不知究竟是怎么一回事，再看看狗身上，腿上的肉没有了，旁边有一只死狼，口里还咬着狗的肉；狗救了小主人，却被主人误杀了，这真是天下最令人悲伤的误会。

由此可以看出，误会的事，往往是在人们不了解、无理智、无耐心、缺少思考、未能多方体谅对方、反省自己、感情极为冲动的情况之下发生的。

误会一开始，即一直只想到对方的千错万错；因此，会使误会越陷越深，弄到不可收拾的地步，人对无知的动物小狗发生误会，都会有如此可怕的严重后果，如果是人与人之间的误会，则后果更是难以想象。

宽容是理解周围的种种纷争而心绪平衡，是容人一切是是非非。乔治·赫伯特说："不能宽容的人损坏了他自己必须走过的桥。"这句话的智慧在于，宽容双方都受益。

心存爱心，珍惜身边的每一份情

爱拥有传染的魔力，她可以波及任何人的心灵，即使是那些所谓的坏人，在他们灵魂深处也还保留着一块温软的园地，可以感受爱，可以感动。

一家房地产公司想购买一块地皮，但被一位性格倔强的老太太一口拒绝，这位老太太正在这块地皮的主人。但是，出乎意料的事情发生了。一个天寒地冻的下午，老太太恰好路过这家房地产公司的门前，她想顺便劝那个总经理"死了这条心"。她推开门，发现里面收拾得十分干净整洁。她觉得自己穿着脏鞋子走进去不合适，正在这时，一位年轻的姑娘笑容满面迎上来。姑娘毫不犹豫地脱下自己的拖鞋给老太太穿上，然

第一章　淡泊从容的博大胸怀

后像亲孙女一样搀扶着老太太慢慢上楼。穿着那带有姑娘体温的拖鞋，老太太瞬间改变了坚决不卖地皮的初衷。

这位姑娘并不认识老太太，而且她也看出来老太太既不是来洽谈业务的客户，也不是来审查的政府官员。给予每一位来访者体贴和关怀，也许仅仅是出于一种职业的需要，但里面包含了她善待任何一个人的爱心。

我们都是平凡的人，要想靠我们单个人的力量去改变这个世界，那是根本不可能的。但我们每个人都可以做到尽自己的微薄力量去帮助那些最需要帮助的人，如果我们每个人都这样做了，我们的爱就会让这个世界充满温暖。

马克思说过："如果你的爱没有引起对方的爱，也就是说，如果你的爱没有造就出爱；如果你作为爱者，通过自己的生命表现未能使自己成为被爱者，那么你的爱就是无力的，你的爱就是不幸的。"是的，如果不是心中充满阳光，如何能予人温暖？如果你不是心中充满仁慈，如何能予人感动？如果不是心中充满真爱，又如何能予人幸福？只有拥有一颗既能被他人所感动，同时又能感动他人的心灵，才是真正可贵和可爱的。必须先在内心深处感受到爱，然后才能爱其他的人。

在孔子的思想里，"博爱"贯穿始终。孔子的这种智慧在中国历史上曾起到了积极的作用。同样,法国启蒙思想家伏尔泰曾强调过博爱精神。可见"博爱"不仅是一种社会伦理更是人类本身最高贵的生活观。它的光芒可以给世界每一个阴暗的角落带去光明和温暖。正如艾伦·佛罗姆说:"爱是一种能力,是一种能去爱并能唤起爱的能力。"

20多年前,有位社会学的大学教授,曾叫班上学生到巴尔蒂尼的贫民窟,调查200名男孩的成长背景和生活环境,并对他们未来的发展做出一个评估,每个学生的结论都是"他们毫无出头的机会"。

25年后,另一位教授发现了这份研究,他叫学生继续调查,看昔日这些男孩今天是何状况。结果根据调查,除了20名男孩搬离或过世,剩下的180名中有176名成就非凡,其中担任律师、医生或商人的比比皆是。

这位教授在惊讶之余,决定深入调查此事。他拜访了当年曾被评估的几位年轻人,跟他们请教一个问题,"你今日会成功的最大原因是什么?"结果,他们都不约而同地回答:"因为我遇到了一位好老师。"

这位老师目前仍健在,虽然年迈,但还是耳聪目明,教授找到她后，问她到底有何绝招，能让这些在贫民窟长大的孩子个个出人头地？

这位老太太眼睛中闪着慈祥的光芒，嘴角带着微笑回答道："其实也没什么，我爱这些孩子。"

由此可见，没有什么比爱可以让一个人显得更具有人性魅力。我相信生活中像这位老太太似的人还有很多。他们有着海一样宽广的胸怀他，他们不会因为任何原因不接纳他人的存在；他们不会在别人最需要帮助的时候躲避他们，他们更不会因为怀有粉饰嘴角的目的去帮助别人以换取自己的美名。如果我们每个人都能爱护自己，爱护自己善良、朴实的天性，爱护自己懂得爱并珍惜爱的心灵，让自己的内心始终保持一块纯净生动、仁爱无私的净土，永远不放弃对真诚的情感、度善良的天性、对美好的人生毫不犹豫、执着坚定的追求，即使我们不能使所有人的世界变得更美好，至少也可以使自己的世界更美好。

送人玫瑰，手有余香

> 主动帮助别人是一种无形的投资，也可以说是一种无形的资产，虽然它根本看不见，摸不着，但它却真实地存在着。

只有愿意帮助别人，才会得到别人的帮助，与人方便，自己方便。你对别人慷慨解囊，你也会得到别人的无偿回报。

小时候父母告诉我们："在家靠父母，出门靠朋友。"我们每一个人都需要亲朋的帮助，帮助是相互的，一个人不可能永远寻求别人的帮助而不回报别人，这样的人，久而久之就会失去朋友，也会失去帮助。而一个经常给予人帮助的人也就会经常得到别人的帮助。所以，主动地帮助别人其实就是给自己做一项无形的投资，而这种投资是没有风险的。

为什么说这种投资是没有风险的？因为你只有真心地帮助别人，才能够得到别人真心地帮助。如果只是敷衍别人，或者是怀着等价交换的心理来帮助别人，这样换来的只是帮助，而不是人心。人心是最难得的，有时却也最容易得，所谓心心相印，将心比心，就是要以你的真心换取别人的真心。真心地帮助别人，那么当你遭遇困境的时候，在你陷于无助的时候，就会意外地得到别人的帮助，给你帮助的人不一定是你曾经帮助过的人，或许只是个从未谋面的陌生人。

一天，大雨不期而至，一位老妇人蹒跚地走进费城百货商店避雨。看她姿容狼狈，装束简朴，许多售货员都用他们习惯的冷漠对其视而不见。这时，一个叫菲利的年轻人诚恳地走过来对她说："夫人，我能为您做点儿什么吗？"

老妇人微笑着说："谢谢，我躲会儿雨就走。"可老妇人觉得不买东西却占用人家的地盘不好意思，还是买点儿东西吧，就算买一个发夹这样的小饰物也好。

她还在犹豫时，菲利却搬了一把椅子放在门口，并对她说："夫人，您坐下休息一会儿吧。"

雨停后，老妇人向菲利道谢并要了他的名片。几个月后，费城百货公司收到了一张订单，要求他们派这位年轻人去苏格兰装潢一整座城堡，并承包他们所属几家大公司下一季度的办公用品采购。

原来这位老妇人是美国亿万富翁"钢铁大王"卡内基的母亲。事后，菲利因此得到了董事会的赏识，成了这家百货公司的合伙人。后来的几年中，菲利得到了"钢铁大王"卡内基的大力扶持，事业扶摇直上，成为美国钢铁行业仅次于卡内基的重量级人物。

即使一个有非凡能力的人，也需要别人的帮助，所以现代企业很看重团队合作。要正确把握人与人之间的联系和优势，利用别人的特点，采纳别人的意见，同时也让别人接纳自己，肯定自己，建立一种牢固的合作关系。俗话说：三个臭皮匠，顶个诸葛亮。团队精神在企业管理中占有重要地位。我们所熟知的微软集团在用人的时候就非常注重团队精神，理由是，即使你才华横溢，有超群的技术，可是如果你不懂得与人合作，那么就不能发挥出最好的成绩，只有把企业内部里有着不同的文化背景和知识结构的各种人才有效地联合起来，才能更好地实现高效的配合，收到事半功倍的效果。

　　同事之间只有互相帮助才能建立起一个坚不可摧的团队，只有互助才能够互相成为最有利的资源和依靠。你在帮助别人的同时，也就获得了让别人帮助你的机会，在你困难的时候别人也能给你最及时的帮助。

　　因此在处理人际关系时，不能因为有共同的利益关系就待人苛刻，在别人需要帮助的时候袖手旁观。要以一种良好的心态来面对职场竞争，面对同事的成绩，不能心存嫉妒，要给予祝福，努力学习别人怎么能做得那么好。别人有了困难，要尽自己最大的努力去帮助，不能幸灾乐祸，更不能为了利益而落井下石。其实，在别人最需要你帮助的时候你能伸手给予别人帮助，最能体现一个人的素质。

　　其实，同事之间的互相帮助体现了一个团队的力量。一个团队中，同事之间没有帮助，只有竞争，那空气中就会充满了火药味，人和人之间的关系也就越来越生疏，甚至成了完全的对立关系，这样的一个团队是没有竞争力的。在没有打倒竞争对手之前，自己内部就已经乱成了一锅粥，容易让别人乘虚而入，抢占先机，最后的结果就是大家都没有得到好处。

　　有时候我们说人多力量大，要想真正收到人多力量大的效果，实施过程很重要，因为人一多管理的难度就增大。如果一个人数众多的企业内部没有一个良好的团队精神，也就是良好的企业文化，长此以往，就会变成一盘散沙，没有凝聚力，这样一个庞大的团体有时候就不如一个规模稍小，但是团结的团队。打造一个良好的企业文化，需要公司里的每一个员工的共同努力，要能正确地看待竞争，正确地看待利益之争，对名利有一个正确的认识，敞开胸怀，帮助别人，这样的团队才会特别有战斗力，大家也能从中得到最大利益。

懂得分享，独乐乐不如众乐乐

懂得与人分享的人，一定不是自私的人，他们不仅不会斤斤计较，还愿意把自己最好的东西与他人分享。人与人分享的时候，让大家感受到了自己的价值，所以，朋友愿意给予他最真的祝福。

生活中，那些懂得与人分享的人是最快乐的人，他们在与人分享的时候让快乐蔓延。而那些自私的人却不会快乐，因为，他们除了能够将自己装在心里之外，已经不会让快乐在自己的心里停留了。

佛家教育弟子时，经常举这样的一个例子：一日，佛祖从地狱的入口往下望去，看见无数生前作恶多端的人正为自己前世的邪恶饱受地狱之苦的煎熬，脸上显示出无比痛苦的表情。

此时，一个强盗偶然抬头看到了慈悲的佛祖，马上祈求佛祖救他。佛祖知道这个人生前是个无恶不作的强盗，他抢劫财物，残杀生灵，唯一可喜的是，有一次，他走路的时候，正要踩到一只蜘蛛时，突然心生善念，移开了脚步，放过了那只蜘蛛。佛祖念他还有一丝善心，于是，决定用那只小蜘蛛的力量救他脱离苦海。

于是，佛祖从井口垂下去一根蜘蛛丝，大盗像发现了救命稻草一样拼命抓住了那根蜘蛛丝，然后用尽全力向上爬。可是其他在井中接受煎熬的人看到这样的机会都蜂拥着抓住那根蜘蛛丝，慢慢地蜘蛛丝上的人越来越多了，大盗因为担心蜘蛛丝太细，不能承受这么多人的重量，于是便用刀将自己身下的蜘蛛丝砍断了。结果蜘蛛丝就在那被砍断的一瞬间消失了，所有人又重新跌入万劫不复的地狱。实际上，假如强盗能够有一丝怜悯之心，能够与他人分享自己的生存机会，佛祖就会救他脱离苦海。但他没有做到，从而也失去了很好的机会。

有时候，许多东西不是你与别人分享了，你就会失去它。

第一章 淡泊从容的博大胸怀

只有当你与别人分享的时候，你才会让它增值。

美国石油大王洛克菲勒在退休之后离开了标准石油公司，并把公司总部搬到了自己的庄园。按说他应该能够快乐地安享晚年了，但他一点儿都不快乐，他除了拥有金钱之外，其他什么都没有了。当时的他可谓是众叛亲离！由于他吞并、垄断，导致许多小业主家破人亡。在宾夕法尼亚州油田地带的居民深受其害，对他恨之入骨，有的居民把他做成了木偶像，然后将那木偶像模拟处以绞刑，以解心头之恨。无数充满憎恨和诅咒的威胁信被送进他的办公室，连他的兄弟也不齿他的行径，将儿子的坟墓从洛克菲勒家族的墓园中迁出，说在洛克菲勒支配的土地上，儿子也无法安眠！而他自己也因为过度的精神紧张变得心力交瘁，痛苦不堪。或许，就是在此刻，他才领悟到，金钱并不能代表一切。

后来，他的医生建议他改变自己的生活方式，并学会与他人分享。于是，他开始学打高尔夫球，去剧院看喜剧，还常常跟邻居闲聊。他学习过一种与世无争的平淡生活。在41年的退休生涯里，他把主要精力放在慈善事业上。当洛克菲勒开始考虑如何把巨额财产捐给别人时，几乎没有人接受，说那是肮脏的钱。可是通过他的努力，人们慢慢地相信了他的诚意。密歇根湖畔一家学校因资不抵债行将倒闭，他马上捐出数百万美元，从而促成了如今的芝加哥大学的诞生；当时的美国没有医疗研究中心，他捐资20万美元成立了洛克菲勒医学研究所。后来这个研究所因为卓越成就获得了12项诺贝尔奖奖金，比任何同类研究所获得的奖项都还要多得多。此外，洛克菲勒还创办了不少福利事业来帮助黑人。从此以后，人们开始以另一种眼光来看他。

从19世纪90年代开始，他每年的捐献都超过100万美元。1913年，他设立了"洛克菲勒基金会"，专门负责捐款工作。他捐款总额达5亿美元之多！

经历了财富的聚敛和分散之后，他不无感慨地说："财富如水——如果是一杯水，你可以喝下去；如果是一桶水，你可以搁在家里；但如果是一个池塘或一条河，就要学会与人分享。"这就是他对分享的深刻感受。

子曰："仁者不忧"、"不仁者，不可以久处约，不可以长处乐"。孔子认为，和他人分享快乐的习惯是仁者的习惯，自然就可以长处乐境。由此可见,创造快乐的主动权就在我们自己手中,善于将快乐和他人共享,快乐将永无止境。

一位美国心理学家指出:快乐是一种心理习惯,快乐是一种个性化的生活态度,快乐是一种健康的气质。

有一个人从他的好友那里弄到一包名贵的郁金香种子,据他的朋友说,这些种子品种纯正,将来会开出艳丽的花朵。这人高兴极了,他也非常珍惜这些种子。春天,他精心地把种子种在自家的院子里,其后拔草、除虫,他都做得无微不至。终于,郁金香成片地开放了。但让他失望的是,满园子的花虽然都开得五颜六色,然而根本就不是他原来所期望的纯正的、名贵的荷兰郁金香品质。对此,他感到万分奇怪,就去向花卉专家请教。

专家听了他的话,问:"你的邻居是否也种郁金香呢?"

他说:"是呀,不过他们种的都是普通的品种罢了。"

"这就对了,你的花之所以这样,就是由于花粉传播造成的。其他种类的郁金香粉从邻居院里飘过来,导致你的院子里开出了杂交郁金香。"专家回答说。

"那我怎么办呢?"他问,"难道我就培养不出那些纯正的郁金香了么？"

"把你的那些珍贵的种子也分一些给你的邻居，这样问题不就解决了吗？"

他回去后按专家的方法照办了。后来，他的院子里果然开出了纯种的荷兰郁金香。

给别人快乐，自己也会得到快乐；给别人亲切的微笑，自己也会迎来和善的笑脸。幸福的最大秘诀是：让自己身边的人快乐。

海伦·凯勒曾经写道：任何人出于他的善良的心，说一句有益的话，发出一次愉快的笑，或者为别人铲平粗糙不平的路，这样的人就会感到欢欣。这是他自身极其亲密的一部分，以致使他终身去追求这种欢欣。海伦·凯勒正是同别人分享了优良而称心的东西，从而使自己得到更大的快慰。与别人分享的东西愈多，我们获得的东西就越多。

一位智者和一位友人结伴外出游历。在经过一个山谷的时候，智者一不小心跌倒了，还好有他的朋友拼尽全力拉住他，才使他免于葬身谷底。智者执意要将这件事情镌刻在悬崖边的一块石头上：某年某月某日，在此，朋友某某救我一命。

又一次在海边，两个人因为一件事情争吵起来，朋友一怒之下，给了智者一耳光。智者捂着发烧的脸说：我一定要记下这件事情！智者找来一根棍子，在沙滩上写下：某年某月某日，在此，朋友某某打了我一耳光。朋友看过之后不解地问他：你为什么不刻在石头上呢？智者笑了，说：我告诉石头的事情，都是我唯恐忘了的事情，我要让石头替我记住；而我告诉沙滩的事情，都是我唯恐忘不了的事情，我要让沙滩替我忘记。朋友听了，万分惭愧，两人又和好如初了。聪明的人懂得善待别人，不会抓着对方的错误不放。

也许几十年之后，人们早已忘记了奥尔德林，但却不能忘记他那种玉成他人，真诚分享朋友快乐的美德。让我们将不值得记住的事情统统交给沙滩吧，让海水卷走那些不快，伴随着新一轮朝日诞生的是你无忧的笑脸、无瑕的心。

第二章

心平才能气和

第二章　心平才能气和

感谢指出你错误的人

> 正确地认识批评,不要因此而产生不良的心理。动怒对我们没有一点儿好处,更何况这并不是一件值得我们动怒的事,相反,它应该是一件让我们感到高兴的事。

贺斯说:"我愿意做一块磨刀石;虽然它本身不能切东西,却能使铁器锋利。"

任何人都避免不了一些正确的或是错误的批评。这时我们千万不要因此而感到不高兴,更不应该做出一些不理智的反抗。其实,批评会给人们带来很大的帮助,无论是对是错,我们都将从中受益。

从小到大,我们挨过大人的批评,挨过老师的批评,也挨过其他人的批评。同样的那些名人，那些历史上许多成就卓越的著名人物也都被人批评过，但是他们都能以良好的心态去对待这些批评他们的人。在现实生活当中，你被人批评时，能以良好的心态去面对那些批评你的人吗？

美国国父乔治·华盛顿曾经被人骂作"伪君子""大骗子"和"只比谋杀犯好一点儿"。《独立宣言》的撰写人托马斯·杰弗逊曾被人骂道："如果他成为总统，那么我们就会看见我们的妻子和女儿，成为合法卖淫的牺牲者；我们会大受羞辱，受到严重的损害；我们的自尊和德行都会消失殆尽，使人神共愤。"等等。但是他们并没有被吓倒，而是以良好的心态去面对这些人，所以他们能做出如此之大的成就。

乔治·罗纳在维也纳当了很多年的律师，但是在第二次世界大战期间，他逃到瑞典，那时他很需要找到一份工作。由于罗纳能说能写，所以他很自信地认为自己能找到一份很好的工作，这份工作就是做一名出色的秘书，但绝大多数的公司都回绝了他，说因为现在正在打杖，他们不需要用这种工作人员，不过他们会把他的名字存在档案里，当某天需要的时候再找他。

但最后一个公司的回绝让罗纳很生气，他们对罗纳说：

第二章　心平才能气和

"你对我们所做生意的了解完全错误了。你既错又笨,我根本不需要任何替我写信的秘书。即使我需要,也不会请你,因为你甚至连瑞典文也写不好,你的求职信里大部分都是错字。"

罗纳很生气,他很想对那个人发火,但他还是冷静了下来,他对自己说:"等一等。我怎么知道这个人说的是不是对的?我修过瑞典文,可是并不是我的母语,也许我确实犯了很多我并不知道的错误。如果是这样的话,那么我想得到一份工作,就必须再努力学习了。这个人可能帮了我一个大忙,虽然他本意并非如此。他用这样难听的话来表达他的意见,并不表示我就不亏欠他,所以我应该感谢他的提醒。"于是,罗纳没有生气,而且感谢这位回绝他的人。

但让罗纳意外的事竟然发生了,那个回绝他的人对罗纳说:"你能这样,让我感到很高兴,我希望你能加入我们,和我们一起努力奋斗,因为你的心态会使你更好地完成任何一件任务。"

通过上面的故事,我们可以得出这样的一个启示,我们永远不要试图报复我们的仇人,因为如果我们那样做的话,我们会深深地伤害了自己。要培养平安和快乐的心境,以感激的态度对待指责你的人，你也许能从中得到许多意料之外的好处。

马修·希拉绪指出："只要你超群出众，你就一定会受到批评，所以还是趁早习惯的好。"

因此，无论你是被人踢还是被人恶意批评也好，请记住，他们之所以做这种事情，是因为这件事能使他们有一种自以为重要的感觉，这通常也就意味着你已经有所成就，而且值得别人注意。很多人在批评那些教育程度比他们高的人，或者在各方面比他们成功得多的人的时候，都会有一种满足的快感。正如哲学家叔本华说过的那样："庸俗的人在伟大的错误和愚行中，得到最大的快感。"

在生活与工作当中，我们经常都会看到这类事情的发生：一个人因为遭到别人的批评后到处发泄情绪，所有人都成了他攻击的对象，愤怒的心理使他们变得极为暴躁。谁都会遭到批评，可以说这是我们生活中的一部分，越深刻的批评就越能使我们深刻认识到自己的不足之处，它是促进我们成长最好的帮手。所以说，我们不应该因为遭到批评而感到不愉快，甚至是发怒。

伊本·加比洛尔曾这样说道："一个人的心灵隐藏在他的作品中，批评却把它拉到亮处。"很多一直都处于迷茫状态的

第二章 心平才能气和

人，往往都是因为受到别人的批评后才清醒过来的。没有批评人们就很难会有所进步，因为人们无法更加清楚地知道自己所做的事情是对是错，尤其是对那些怀有满腔热血做自己喜欢做的事情的人而言，他们更需要别人批评来为自己提醒，以至于自己不会盲目地做一些错事。换个角度来说，既然批评是一件好事，那么，我们就更不要因此而发怒了。这不仅会影响到我们的生活和工作，对身体也有着很大的伤害。

曾有一位非常优秀的剑客，他打遍天下无敌手，因此他也成了很多人心目中的英雄。可这个剑客有一个缺点，他永远不能接受别人对自己的批评。

一次，他在与对手决斗胜利后，遭到了很多人的批评。原因就是因为对方是位女士，可他并没有因此而放过对手，并且将其伤得很重。一时间，种种批评扑面而来，有的说他不讲道德，有的说他不配做一名英雄，甚至还有人说他应该离这个国家，他的行为让人感到恶心。听到这些消息后，这位剑客十分的愤怒，他不仅没有接受批评，还对外宣布，一定要报复那些批评过自己的人。原本以为这样就可以使那些一直都在批评自己的人就此收口，可他这样做不但没有实现自己的想法，相反，却招来了更多人的质疑。就连那些一直视他为英雄的人也对他的这种行为也感到不能理解。于是，所有人都开始慢慢地讨厌他，他英雄的美名也就此而终结了。因为不能接受现实，剑客因此而大病一场，差点丢掉了自己的性命。

当我们面对别人批评的时候，应该学会坦然地接受，并对此做出思考，仔细想想自己是不是有什么地方真的做错了，如果是这样的话，一定要及时做出检讨。千万不要不分青红皂白地大发雷霆，这样不仅会影响到自己的品德，对身体也是没有一点儿好处。

其实，那些不能接受别人批评的人，也是一种逃避责任的表现。正是因为他们没有勇气承认自己所犯下的错误，才不敢面对别人的批评。他们试图用逃避和反抗的方法为自己进行辩解，可很显然，这种做法是错误的，在不能将其化解的同时还会招来更多不必要的麻烦。

小云在一家文化公司里工作，由于工作还算出色，领导将她升为了部门的主管。可升职没过多久，她就因为态度问题被公司炒鱿鱼了。

在完成一次任务时，小云因为和部门里下属的意见产生了分歧，两人闹得很不愉快。最终导致了任务的失败。事后，下属对小云的能力提出了质疑,他认为,如果当初能按照他的计划去执行这次任务,一定能顺利地完成,也就不会有现在这样的事情发生了。消息传到小云的耳朵里后,她顿时大发雷霆,并且马上找到了在背后批评自己的那名下属。为了逃避领导的怪罪,小云甚至还把所有责任都推给了那名批评自己的下属,说全是因为他的不团结,才导致了任务的失败。

其实,领导对此事早已心知肚明,原本就是小云的错。是她觉得自己大小也是个领导,没必要接受下属的意见和批评,才导致了与同事间产生了分歧,使这次任务失败。最终,领导没有听小云解释,不但狠狠地批评了她,还将她炒了鱿鱼。

在很多时候,之所以一个人能受到别人的批评,说明这个人还被大家关注着,大家希望他能改正错误。所以说,我们一定要正视任何人的批评,并从中找到自己不足之处,加以改进。

气大伤身，心平才能气和

怒气会使一个人性格变得急躁，如果怀有怒气做事，不但很容易因为一点儿小摩擦与人发生冲突，而且还会影响到我们身体健康。

据说美国芝加哥市有一位餐厅老板，一次，他看到他的厨师用茶碟喝咖啡时，他非常生气，发疯似的抓起一把手枪去追赶那个厨师，结果他的心脏病发作了，剧烈的疼痛迫使他扭动着身躯转了一圈后，倒地身亡。

当一个人怀有怒气去做事的时候，就如同一个丧失理智的士兵，没等敌人把他打垮，他就被自己发出的怒火"烧伤"。在如今这个竞争激烈的社会，为了使自己能够立足，人们一直都在与对手竞争，可在这期间，一定要牢记一点，无论在任何时候都不要怀有怒气去"战斗"，因为怒气会使人丧失理智，在丧失理智的情况下，是很难取得胜利的。

虽然我国古代有"哀兵必胜"一说，但满怀怒气、丧失理智的哀兵未必就能取胜。

三国时期，一心要急于为关羽报仇的刘备，心怀怒火，倾全国之力，大举兴兵攻打东吴，而最终落得兵败早死的下场。

219年，关羽死后，刘备痛苦不已，对东吴仇恨有加。那个粗鲁的张飞鞭挞部下裨将范疆、张达，二人刺死张飞投吴。这让处在悲痛中的刘备痛上加痛，恨上加恨。他不顾群臣苦劝，兴兵伐吴。以怒兴师，恃强冒进，在战略上犯了兵家大忌。开始时连胜东吴。孙权派使者求和，刘备斩之，孙权只好拜陆逊为大都督，那个聪明的陆逊坚守不战，以待蜀军兵疲意沮。而后火烧连营，大获全胜。刘备败走白帝城，伤感懊悔而病，临终前托孤于诸葛亮。

在历史家看来，这是一场不会有好结果的战争。刘备一意孤行，不听诸葛亮事前调兵部署，结果蜀军几乎全军覆没，在卫兵的死拼保护之下，刘备才捡了一条命，但从此忧郁攻心、一病不起，撒手西去。

　　冲动是魔鬼，愤怒总是会使人们变得冲动、丧失理智。无论受到了多大的委屈，我们都不要让怒火在我们心中燃起，要静下心来，理智地、冷静地看待问题，只有在理智的情况下，才可以对事情做出正确的判断，才能拿出最好的解决办法，从而顺利地将所遇到的矛盾化解。

　　一位老人退休后在乡下买了一座宅院，准备在这里安享晚年。这座宅院处于乡下的一座小山下，周围的环境非常优美，安静的生活让老人觉得很舒服。可没过多久，安逸的生活就被三个人打破了。这三个人一连几天都在附近踢所有的垃圾桶，吵得老人无法好好地休息。老人实在受不了踢垃圾桶发出的噪声，于是，他主动去和那三个人攀谈。

　　"伙计们，你们几个是不是玩得非常高兴呀！"他温和地说，"如果你们能够坚持每天都到这里来踢垃圾桶，我愿意给你们一块钱作为奖赏，你们认为怎么样？"

　　三个年轻人听了老人的话非常高兴，心想：天下居然会有这样的好事，我们不但可以在这里娱乐，还能拿到钱，真是太好了。

第二章　心平才能气和

于是，他们每天都会来这里踢垃圾桶。几天后，老人满面愁容地找到这三个人说："通货膨胀使我的收入减少，从现在起，我只能付给你们每天五角钱了。"

三个人听后虽然有些不高兴，可这个结果还是能够接受的，于是，他们继续踢着垃圾桶。

又过了几天，老人再次找到了他们，抱歉地说："实在对不起，我最近没有收到养老金，所以我只能每天付给你们两毛五分钱，这样可以吗？"

"什么？每天只有两脚五分钱，这实在是太少了，无论怎样我们都无法接受，你去找别人踢这该死的垃圾桶把！"说完，三人气冲冲地离开了。

生活恢复了以往的安静，老人再也没有听到踢垃圾桶发出的噪音，他又开始可安逸地生活了。

遇事不发怒，人们就可以保持冷静的头脑，便会理智地处理遇到的困难。英格索尔说："愤怒将理智的灯吹灭，所以在考虑解决一个重大问题时，要心平气和，头脑冷静。"

任何人都会发怒，特别是在丧失理智的时候，但并不是所有的人都能控制住自己的怒火。那些在发怒后能即使冷静下来的人才是真智的聪明人。没有什么比理解和宽容更能让一个人理智，千万不要因为别人的批评或责怪而燃起自己的怒火，这样最终受到伤害的只能是自己。

有一位知名的大学教授，他不但以显赫的学术成就享誉社会，其个人修养与待人技巧，同样深得好评。有人曾问过他，为何能把人际关系处理得那么好？难道您从来都不会生别人的气吗？这位教授说："当然会啊！但我有个习惯，那就是：每当我愤怒之时，就闭口不言；即使说话，也绝不超过三句！"这个人很好奇，于是询问究竟。他笑着回答说："当一个人生气时，往往会失去理智，容易意气用事，讲出来的大多是气话，甚至是错话、脏话，就会使局面更糟。所以，为了不让怒气坏了理智，在恼火的时候，我宁可让自己尽量少说话！"

是的，人在生气的时候，多半讲不出什么"好话"。与其等局面变得难以收场以后而懊悔不及，还不如早些选择沉默不语。

崇高的情感，是一个要成为真正有教养的人所必需的。凡是没有高尚感情的人，就是一个邪恶的人。控制自己的怒火，是使自己成为一个有教养的人的先决条件之一。

美国政治家托马斯·杰斐逊曾这样说道："在你生气的

时候，如果你要讲话，先从一数到十；假如你非常愤怒，那就先数到一百，然后再讲话。"当我们心怀愤怒的时候，不妨等到情绪有所好转的时候，再与别人进行沟通。如果我们能这样做，只是多付出了一点儿时间，却能收获更好的结果。

面对他人的恶言，先从自身找原因

> 一个人的心灵隐藏在他的作品中，批评却把它拉到亮处。
>
> ——伊本·加比洛尔

一个人不可能只得到别人的赞美，即使你非常出色，也避免不了遭遇一些批评。而批评中难免有恶意的，很多人会因为受到恶意的批评后，便失去了原有的自信，甚至怀疑自己所做的事情是否正确，并开始质疑自己的能力。这样一来，无法集中精力去做事，原本很有把握的事也会搞砸。

任何一个成功者都不会因为受到别人的一些影响而放弃自己追求的目标，更不会被一些讽刺和批评所左右。面对别人恶

第二章 心平才能气和

意的语言，他们会一笑了之，并且用行动证明自己是正确的。但很多人不能做到这样，他们似乎不是在为自己而活，而是为别人的态度而活。

在人类的行为中，有一条基本原则，如果你遵循它，就会为自己带来快乐，而如果你违反了它，就会陷入无止境的挫折中。这条法则就是："尊重他人，满足对方的自我成就感。"正如杜威教授曾说的：人们最迫切的愿望，就是希望自己能受到别人的重视。就是这股力量促使人类创造了文明。如果你希望别人喜欢你，就要抓住其中的诀窍：了解对方的兴趣，针对他所喜欢的话题与他聊天。你希望周围的人喜欢你，你希望自己的观点被人采纳，你渴望听到真正的赞美，你希望别人重视你……然而，己所不欲，勿施于人。那么让我们自己先来遵守这条法则：你希望别人怎么待你，你就先怎么待别人。

千万不要等你事业有成，干了大事业后再开始奉行这条法则，因为那样你永远不会成功。相反，只要你随时随地遵循它，它就会为你带来神奇的效果。

王小平是国际企业战略网调研部的一位员工，有一次，她受部门经理的安排要给一家大型公司做市场报告，她在接到部门经理的安排后，就开始着手这方面的工作。为了在规定的时间内完成工作,她知道,她所要的资料只有从这家公司的董事长那儿才能获得,于是,她就前去拜访这位董事长。当她走进办公室时,一位女秘书从另一扇门中探出头来对董事长说:"董事长。今天音乐会的票已经售光了。"

"我儿子很想看明天晚上7点要在国家大剧院的音乐会,我正在想办法为我儿子买票呢!"董事长对王小平解释道。

那次谈话很不成功,董事长不愿意提供任何资料。王小平回来后,感到无比沮丧。然而幸运的是,她记住了女秘书和董事长所说的话,于是,她就到了国际企业战略网公关部,问她们是否有明天晚上7点国家大剧院的音乐会门票。出乎意料的是,公关部的一位员工满足了她的要求。

第二天王小平又去了,她到了前台,给董事长打电话说,她要送给董事长的儿子一张今天晚上7点在国家大剧院演出的音乐会门票。董事长高兴极了,用王小平的原话说:"即使参加奥运会开幕式也没有这样激动!他紧紧地握住我的手,满脸笑容说:'噢,王小姐!谢谢你,我的儿子一定高兴极了,我敢相信,当他知道我已经找到了这张门票的时候,他一定会非常兴奋！'董事长不断地说着类似的话，兴奋地把门票放在自己的嘴上亲了亲。"

整整10分钟，他们都在谈论着这张门票。然后，奇迹出现了：没等王小平提醒，董事长就把她需要的资料全都提供给了她。不仅如此，董事长还打电话找人来，把其他的一些相关事实、数据、报告、信件全部提供给了王小平。

我国明代文学家屠隆在《续娑罗馆清言》说：情尘既尽，心镜遂明，外影何如内照；幻泡一消，性珠自朗，世瑶原是家珍。意思是说，只要放下对尘世的眷恋之情，那么心灵之镜就会明亮澄澈，从外部关注自己的形象，不如从内部进行自我省察，驱除庸俗的念头；只要看破实质，打消对如梦幻泡影一样的世事的执着之念，那么自身天性就会像明珠一样晶莹剔透，熠熠生辉，要做世间少有的通达超脱之人，最关键的还是要保护好自家内心的那一份淡然。

美国著名总统林肯就把那些对自己刻薄恶意的批评写成一段话，这段话被后来的英国首相丘吉尔裱挂在了自己的书房里。林肯的这段话是这样说的："对于所有恶意批评的言论，如果我对它们回答的时间远远超过我研究它的时间，我们恐怕要关门大吉了。我将尽自己最大的努力，做自己认为是最好的，而且一直坚持到终点。如果结果证明我是对的，那些恶意批评便可不去计较；反之，我是错的，即使有十个天使为我辩护也是枉然啊！"

人人都有发表批评意见的权利，不管是对还是错，这是你不能阻止的。有时"旁观者未必清"，他们的批评和立场是以他们自己的观点来说事，要排除这些不公正的恶意批评对自己的心情的影响。

美国总统罗斯福的夫人曾经这样告诉成人教育家卡耐基：她在白宫里一直奉行的做事准则就是"只要做你心里认为是对的事"，反正是要受到批评的，做也该死，不做也该死，那就尽可能去做自己认为应该做的事情，对一切非议一笑了之，再也不去想它。这才是做事情成功的关键。

用宽恕的心感受生活

> 生气只是对工作无奈的发泄,争气却能将工作做好;生气伤身,丑化灵魂;而争气补益,健全心智。斗气会使人气度变小,忘记了"气"之外还有更重要的事和更广大的天地。所以,"斗气,智者不为也!"

在工作中,我们每一个人都希望受到他人重视、尊重和欢迎,但偏偏难免有时又会被人嘲弄、受人侮辱、被人排挤……工作给了我们报酬的同时,更给了我们很多伤心与不满。

在工作中,难免与他人存在意见相悖的时候,但如果一味地采取不理智的行为,工作不开心不说,说不准工作会遭殃。我工作着,我快乐着,就要能够很坦然地面对发生的一切,不要为一点儿小事火上心头。很多时候,发怒的人往往都是因为自己的小肚鸡肠,为小事去斤斤计较,于是,在他们身边便经常发生一些你死我活的激烈斗争。当然,也有的为争职位的高低，有的是争薪水的多少，还有的是为争风吃醋……不论是哪一种，生气，是对自己工作的一种摧残，它会使人一味地工作在抱怨和苦恼中。有的人还会因此大声地哭诉着上司对他的不公，长期沉溺其中不能自拔，终日被泪水和无奈的情绪包围着。其实，这样的人是在与自己斗气。

仔细想来，生气往往就是用抱怨、折磨的方式对待自己，这只能徒增自己的痛苦，只会让自己坠落到更深更惨的深渊去罢了。因此，要心平气和地面对工作中一切不顺的事，并积极地使自己做得更好，用自己的乐观和智慧化解烦恼。也只有这样，一个人才能积极进步，每一天都过得充足而快乐，富有激情。

在工作中，我们常常会看到这样一些人，他们往往会因一时之气，说出这样的话：

"我不为五斗米折腰，我不干了！"

"这个破工作，我不干了！"

"这是不公平，我不干了。"

可是，一句"我不干了"的话，它不能保全你已丧失的人格，不能换回他人对你的尊敬，不会为你带来更高的收入和更多的财富……夫妻斗气，会妨碍家庭幸福；同事斗气，会荒废工作；公司斗气，会互相毁灭；国家斗气，会引发战争。人为

第二章 心平才能气和

斗气而投入时间、精力、金钱,得到的可能是伤心、伤身和颓废,于是,聪明的人是不会用斗气去解决问题的。所以,人在不顺心的时候,我们就要把那些倔气、脾气和傲气这些令自己斗气的因素都收敛起来,鼓足力气去争气,这样,你的生活会是另一个样子。

有这样一个故事:

儿子烦闷地对父亲说:"我要离开这家破公司,我恨这个公司!"

父亲建议道:"我举双手赞成!一定要给公司点儿颜色看看。不过你现在离开,还不是最好的时机。"

儿子问:"为什么?"

父亲说:"如果你现在走,公司的损失并不大。你应该趁在公司的机会,拼命去为自己拉一些客户,成为公司独当一面的人物,然后带着这些客户突然离开公司,公司才会受到重大损失。"

儿子觉得父亲说得非常在理。于是努力工作,事遂所愿,半年多的努力工作后,他有了许多的忠实客户。

这时父亲对儿子说:"现在是时机了,要辞职就赶快行动。"

儿子淡然笑道:"老总跟我长谈过,准备升我做总经理助理,我暂时没有离开的打算了。"其实这也正是父亲的初衷。

所以,最好办法就是不与工作中苍白的部分去斗气,而是自己争气,想办法去做好一天中该做的事。这样,在知识、在智慧和在实力上,使自己每一天都能有所成长,自己的实力会在每一天的激励中逐渐强大。此所谓斗气不如争气,这会让自己做得更好。以自身发展来强大自己,完成自我的辉煌,这就在客观上已经斗败了"对手"。

俗话说:人争一口气,佛争一炷香。只有争气才不会被人看淡看扁,命运是掌握在你自己手里,一个人如果把精力总是用互相攻讦,互相排挤,这样最后会两败俱伤。所以英文中生气是anger,危险是danger。生气与危险只有一个字母之差,若一味地沉于生气中,即是站立在危险的边缘了,稍有不慎将会坠入无底深渊而万劫不复。

《三国演义》中的曹操是一代枭雄,当他兵败华容道时,前有关羽拦截,后有追兵,情况异常险恶,稍有不慎就会被生擒活捉或被诛杀于马下。但曹操毕竟是见识过大阵势的人,他不甘心被活捉,更不情愿血染沙场。他深谙关羽有爱讲江湖哥

第二章 心平才能气和

们义气这一弱点，脑瓜一转，进而声泪俱下，苦苦哀求关云长放他一马，最终险处逃生。

曹操如果当时以英雄自居——英雄是不会轻易屈服的，总讲"脑袋丢了碗大的疤"的豪气，他就会蛮冲蛮杀。如此，曹操的结局就是另一回事了。的确，斗气往往是人很自然的反应，可是斗气只能带给人一时心理的发泄，但对工作并没什么实质性的帮助。因此，在遇到一些事的时候，要学会与生活斗智。在面对困局时，自己应多动脑筋，善于筹划出良策妙计来破解难题，这样才能使事情发生逆转，向好的方向发展。

放下敏感,往往会让结果变得更好

> 过于敏感常产生于性格内向、心胸不够宽广者,他们总爱以想当然去观察周围的人和事,并自以为是,结果心里总有难解的一堆乱麻。

过于敏感是一种不良的心理素质,如不加以克服,不仅会影响工作、学习,还会影响身心健康,造成人际关系紧张。

首先,不要妄加推测别人对你的评价。在日常生活中,要用平常的心态和信任的眼光看待周围的人和事,不要总觉得时时处处都有人在注意你,认为别人和你作对,把一般事看得过大。

其次,期望值要适度。过于敏感的人,往往心理压力过大,急于追求成功,而常常又遭受一些磨难和挫折。因此,你

第二章　心平才能气和

每做一件事，在确定目标、对预期结果进行设想时，注意不要把期望值定得过高，要把各种不利的因素充分考虑进去，留有一定的余地。

最后，心胸要宽广。遇事应乐观一些，大度一些。每天将自己陷在烦恼的琐事之中，又怎么能有精力去干一番事业呢？

小史是一位公司职员。前不久，公司经理在职工会议上不点名地批评了一些不好的现象，小史认为是对着自己来的。于是，小史饭也吃不好，觉也睡不好，闹得身心疲惫。

小史的这种经历，许多人也曾有过。这在心理学上称为"神经质"。虽然它不是什么大毛病，但这种过于敏感常给人带来不愉快的情绪，甚至烦恼。

"神经质"的人心里总有难解的一团乱麻；也有的人是因为追求成功的愿望太迫切，致使对人对事都很敏感，过分看重别人对自己的评价，往往将一些鸡毛蒜皮的小事总存在心里，患得患失，斤斤计较。

要克服"神经质"，首先，不要妄加推测别人对自己的评价。不要总觉得时时处处都有人在针对你，认为别人在和你作对，把小事看得过大或把自己幻想出来的感觉当成真事，免得为自己增加不必要的心理压力。

性格内向的李小姐觉得自己是个喜欢独处的人，不能很好地融入集体中，对在工作中如何才能处理好人际关系方面的问题非常苦恼。她该怎么办？

每个企业都有自己的优势和劣势，每个同事都有独特的优点和缺点，要多看到企业能够给你的一面，看到企业和周围同事能让你学到的东西，这样就会干劲十足。最重要的是学会忍耐，千万不要用你的习惯去改变环境，而是要学会入乡随俗，适应新的环境。不管进入的公司如何，只有两个选择：要么在忍耐中逐步快速融入，快速了解公司环境、上级、同事，最后，在企业对你认识和了解后，找到你适合的位置；要么就是走人。在竞争如此激烈的今天，在自己还没有任何工作经验的时候，显然，前者更加可行。所以，要学会磨炼自己的心理素质，包括认知素质、情感素质、意志素质与个性素质。在这些素质中，认知素质影响人的智力发展水平、思维水平，情感素质、意志素质影响个人的成就动机、情绪的管理水平，个性素质影响人的气质和人格特征。

如果你认为在工作的时候只有你独自处理才能保持很高的工作效率，并且你的同事也这么认为的话，你就不必勉强自己非与他人合作。只是在工作不是很紧张的情况下，试着与同事们合作一下，也许你会惊喜地发现"团结就是力量"的说法真的是很有道理的。总之，要走出自闭，搞好人际关系就要勇于尝试。

小萌毕业后，来到一家中型企业工作，在同学中，算是出来较早的一个。刚来那几天，充满着好奇，充满着骄傲。可是没几天，开始不喜欢这个企业了，觉得与自己理想中的企业相差太远，好多事情都与自己设想的不一样。说管理正规吧，自己看还有好多漏洞，说不正规吧，劳动纪律抓得又太严，自己觉得很不舒服。于是，心态变坏，感到不愉快。与一个同来的伙伴常发牢骚，说：这个企业怎么浑身是毛病，干的真没意思。不知怎么传到上司耳朵里，还没等到小萌对这个企业真正有所认识，就被炒了鱿鱼。开始小萌还满不在乎，觉得反正自己也没看好他们，走了无所谓，可是，当她再次在求职大军中奔波了三个月，还没找到好于这样"浑身是毛病"企业的时候，她心中才感到有些后悔，心想如果下次再有类似那个公司的企业接纳自己，一定接受教训，好好干。

在工作以外，生活中你清高也好，孤傲也罢，喜欢独处是你个人的事情，别人无权干涉。但在工作中，不得不与人打交道，所以必须学会改变自己，尝试主动与同事们多交流、沟通，最大限度地求同存异，尽可能地融入集体中。这样不但有利于提高单位的工作效率，也有利于你个人才能的尽情发挥。其实做到与同事打成一片并不难，只要你待人真诚、友善，就会发现原来每个人都十分渴望被别人接受和了解，渴望他人的友爱和帮助。

俗话说：一个篱笆三个桩，一个好汉三个帮。人际关系，在工作和生活中都起着十分重要的作用。你现在对人际关系的畏惧心理可能是多年积累的结果，虽然很难在短时间内改变，但你还是要鼓足勇气，以积极的态度去面对同事。平时多观察他们之间是怎样交流和沟通的，然后你至少可以学着他们的样子谈论一些既轻松又能让大家感兴趣的话题。乐于助人也是与人交往中很容易做到且能够获得他人好感的办法。在自己力所能及的范围内，为身边的同事解决一些小困难，你会在不知不觉中就与大家融在一起。

来到一个新的单位，最重要的是心态要好、迅速适应企业、融入企业。很多新人在进入公司后，会被分配到一些不是很适合自己、自己不擅长的位置，或者用学生的眼光看待企业，接受不了企业的规章制度，或者用书本上学到的管理知识来套企业现状，都使自己心态变坏，没有耐心去了解企业和被

第二章 心平才能气和

企业了解。如果一上班就看到企业这里不好，那里不足，就看到上司太严厉、同事不热情，还忍耐不住说出来，那就惨了，那就会与企业和同事都格格不入，被上司纳入试用期不合格而把你剥离出局。

小琳从外貌到学习都很不错，性格直爽，开朗活泼。可是，工作后，直爽成了缺点，在给主管提了点意见后，明显感到得罪了那个老人们都叫"八婆"的女主管。整天面对脸色乌云密布的主管，觉得在主管眼中，她都没有对的地方。心中虽然也知道自己大事不妙，在试用期出错，等于宣布了职位的死刑，可是不知道如何才能挽回。她好想走掉算了，可又舍不得这个不错的企业。小琳首先与自己的师傅们沟通，虚心讨教妙着，在老人们的指点下，她主动找主管承认错误，希望她能原谅，给自己机会。通过与主管沟通，主管的脸色虽然还没有多云转晴，可是小琳已经从试用期死刑改为延长试用期了。小琳也明显感到，这个面包干一般的女主管，心肠原来也是很热的。要是真的走掉了，双方将永远失去相互了解和理解的机会。

年轻人容易将事情看得简单而理想化，在跨出大学校门之前，都对未来充满憧憬，初出校门的大学生不能适应新环境，还喜欢提上一些自我认为合理化建议。以至于碰了壁还莫名其妙、不知所措，往往又会产生一种失落感，感到处处不如意、事事不顺心。

职场新兵应该清楚，公司是要你工作的地方，不是像在家，一切要服从上司的安排。"人无完人，金无足赤"，再好的上司也不可能有你想象的那么完美。对上司先尊重后磨合、对同事多理解慎支持，与上司和同事多沟通、相互多了解，这样就配合默契，不容易产生误会。少看领导的缺点，不管他的缺点多少，他现在就在决定你的命运。学会忍耐是上策，学会适应，向适应职场、向适应现实。将会柳暗花明、峰回路转。委屈的泪水，难解的困惑，会凝结出辛酸的经验，使你成熟、理智，获得的积累将是你职业生涯中一笔宝贵的财富，使你求得机遇，求得发展。

环境的敏感度：当身边的环境发生改变时，你能否很及时地察觉到。察觉只是一个方面，还要积极地适应环境的变化。当环境发生改变时，每个人都会有些紧张。但适应能力较强的人很快就能适应，并在新环境下高效率地工作，而适应能力较差的人则焦虑不安，甚至心悸、失眠，无法工作。

周围的环境发生改变时,你能否沉着冷静,承受来自外部的压力。每个人对挫折的承受力都是不同的。比如,在面对亲人遇难时,有些人表现得悲痛欲绝,无法自制;有些人虽然心情沉痛,但是表面上还是很冷静,能够很好地控制自己的行为。

人生当有不同，何必去比较

斤斤计较往往是我们评价一个人的心态和价值观的一项标准，遇到事情不肯做一点儿让步、分毫必争的人在与人交往中就会令人反感。

斗量有多有少，秤头有高有低，天平有毫厘之差，凡事都有个概率，绝对的平衡和平均是没有的。宇宙间万事万物之所以永不停息地运动，就在于万事万物始终在进行着从不平衡到平衡又从平衡到不平衡的循环往复的变化。所以，宇宙间绝对的平衡和公平是没有的。既然没有绝对的公平，那么人生也就不应该为了区区小事而斤斤计较，苛求绝对的公平。

计较往往使事情复杂化和矛盾化，甚至斗争化，凡不愉快的事情大都由斤斤计较而来。凡事从大的方面把握，这应当是人们为人处世的基本原则。正所谓大行不拘小节，大礼不辞小让。人生应当宽宏大度，避免斤斤计较。

斤斤计较有两个方面，一个是利益方面；一个是感情方面。我们在与人相处的过程中，常常会看到这样一些现象：没有能力的人身居高位，有能力的人怀才不遇；做事做得少或者不做事的人，拿的工资要比做事的人还要高；同样的一件事情，你做好了，老板不但不表扬还要对你鸡蛋里挑骨头，而另外一个人把事情做砸了，还得到老板的夸赞和鼓励……诸如此类的事情，我们看了就生气，会理直气壮地说："这简直太不公平了！"

公平，这是一个很让人受伤的词语，因为我们每个人都会觉得自己在受着不公平的待遇。事实上，这个世界上没有百分百的公平，你越想寻求百分百的公平，你就会越觉得别人对你不公平。

其实，在一些蝇头小利面前，我们不该斤斤计较，最重要的是要摆正心态，不必事事苛求百分百的公平，否则就是自己和自己过不去。对生活中的小事看开一点儿，对已经过去的事情不要耿耿于怀，把精力和时间放在创造新的价值上。这样，就单个事情来说不一定公平，但从整体上说却是公平的。另外，我们还可以设法通过自己的努力来求得公平，例如我们可以改变衡量公平的标准。公平是相对而言的，衡量公平的标准也不是一成不变的，当你换个角度来看问题时，你会发觉自己得到的比失去的要多。

在非洲大草原上，有一群很不起眼的动物，它们就是吸血蝙蝠，这种蝙蝠最爱吸食野马的血液。每当它们攻击野马的时候，常常是附在野马的一条腿上，用它们锋利无比的牙齿迅速地刺入野马的腿部，然后再用它们尖尖的嘴巴吸食血液。纵使那些受惊的野马无论如何狂奔、暴跳都甩不掉它们，吸血蝙蝠总是从容地吸附在野马的身上，一直到吸足为止。而野马大多在狂奔、暴跳的过程中倒毙在地上。面对这一情况，动物学家深感疑惑，小小的吸血蝙蝠怎么能够让庞然大物的野马毙命呢？难道是这种蝙蝠的吸血量惊人还是在它的唾液里含有剧毒的元素呢？可是经过科研人员检测发现，吸血蝙蝠所吸食的血量根本就是微不足道的，并且它所分泌的唾液也是无毒的。这一现象真是让人费解。后来动物学家们经过长期地观察，终于发现了其中的奥秘：原来，野马的死亡完全是由于它暴躁的习性所致，当它受到吸血蝙蝠的袭扰就暴躁起来，它那狂奔、暴跳的方式更是耗尽了它所有的体力，最终力竭而亡。

第二章 心平才能气和

所以说，只有那些心智成熟的人，才懂得控制住自己的情绪和行为，才不会像那些暴躁的野马那样，仅仅为了那样一点点小事而烦躁不堪，结果却付出了巨大的代价，甚至最终把自己送上死路。因此，我们要学会控制自己的情绪，不为一点儿小事而抓狂，只有这样才能真正赋予自己内心的那份宁静。

洛克菲勒在一次长途旅行时，途经一个小火车站，他便下车到月台上走走，顺便呼吸下新鲜的空气。这时，旁边的另一列车汽笛已经拉响了。一个胖太太风风火火地提着一个很大的箱子冲上月台，显然她是要赶这班列车，可箱子太笨重了，累得她呼呼直喘。胖太太一下看到了月台上散步的洛克菲勒，便随口喊道："老头儿！老头儿！帮我提一下箱子，我会给你小费的。"原来，洛克菲勒衣着简朴，上面甚至还沾了不少尘土，胖太太把他当作车站的搬运工了。洛克菲勒听了并没有多想，立刻过去拎起了胖太太的箱子，帮她送上了火车。胖太太抹了一把脸上的汗珠，庆幸地说："还真多亏你，不然我非误车不可。"说着，她掏出一美元硬币按在洛克菲勒的手上，"这是赏给你的。"这时，列车长走了过来，一眼就认出了洛克菲勒，他热情地说："你好！洛克菲勒先生，欢迎你乘坐本次列车，请问我能为你做点儿什么吗?""啊！洛克菲勒！上帝呀！"胖太太惊呼起来，"我这是做什么呀！我竟让鼎鼎大名的石油大王洛克菲勒先生给我提箱子，居然还给了他一美元小费。"她惶恐地对洛克菲勒解释说："洛克菲勒先生！请您看在上帝面儿上，别计较我刚才所做的！还请您把刚才那一美元硬币还给我吧，我怎么会给您一美元的小费呢，这多不好意思！""太太，你不必道歉。"洛克菲勒微笑着说："你根本没做错什么，这一美元是我的劳动所得，所以我得收下。"说着，洛克菲勒把那一美元郑重地放在了口袋里，并且用手拍了一下外衣的口袋。列车缓缓开动，洛克菲勒微笑着目送那位惶惑不安的女士消失在他的视野内。

其实，真正的大人物，就是像洛克菲勒那样，虽然身在高位，仍然懂得如何去做平常人，真正的大人物，从来都是胸怀宽广的人。

原谅别人，迎来心灵的晴天

"海阔凭鱼跃，天高任鸟飞。"一个人要有海天般宽阔的胸襟，不但能够容纳好人善人、看不惯的人，甚至于我们的仇人敌人，也都要能宽容。唯有宽容，才能祛除嫉妒，唯有宽容，才能够成就我们美好的未来。

生活中，我们当然要竭力避免伤害他人，对于他人无意中的冒犯和伤害，我们应以博大的胸怀宽容对方，避免怨恨消极情绪的产生，消除人为的紧张，避免身心的创伤。

一个小和尚要过独木桥，刚走几步就见到对面过来了一位挑柴的樵夫，小和尚见状便退了回来，让樵夫先过了桥。小和尚又抬步走上了独木桥，刚走到桥中央，他又遇见一个大着肚子的孕妇，小和尚还是很有礼貌地退回桥头，让孕妇先行。

这回，有了前两次的教训，小和尚不再贸然上桥了。他翘着脚尖站在桥头，一直等到桥那边的人都过来了，他才又重新上桥。可是就在小和尚马上就要过去的时候，一个推着独轮车的农夫风风火火地冲上了独木桥。这次小和尚不打算再给人让路了，因为他还有几步就可以过去了啊！可是这个农夫却似乎也没有半点退让的意思，他的独轮车更是将独木桥堵得严严实实。两人互不相让，农夫便和小和尚大声地吵起来。这时，一个老和尚来到了桥边，两人不约而同地请他评理。

老和尚看了一眼小和尚，对他说："出家人要与人为善，你怎么不给他让路呢？难道就是因为你快要到桥头了吗？"

小和尚赶紧毕恭毕敬地回答："老师父，您有所不知，在这之前我因为给别人让路已经连续退回两次了，我甚至还一直等到对岸的人们都过来了才上桥过河的。现在我马上就要过去了，可是这个人却这么不讲道理的硬要堵在这里。要是我总给别人让路，我又怎么能够过河呢？"

"那么，现在你就能过河了吗？"老和尚反问他说："既

第二章　心平才能气和

然你已经给那么多的人让路了,何必再在乎多让这一次呢?我们出家人参禅苦行到底是为了什么呢?"

小和尚顿时红了脸,无言以对。

老和尚回过头来有对农夫说:"施主,你真的那么着急过河么?"

"是啊,要是晚了的话,我车上的东西就很难卖掉了。"农夫见刚才老和尚训斥了小和尚,他赶紧继续诉苦道:"您知道,现在的日子是很艰难的,要是我卖不掉车上这些东西,晚上孩子们就要饿肚子了。"

老和尚听了,笑笑说:"既然你这么着急去赶集,你为什么不快给小和尚让路呢?你看看,只要你后退两三步就可以了,小和尚过去了,你不是也能顺利地过河了吗?"

俗话说得好,退一步海阔天空。在很多的时候,让人其实也是让己。可是很多的人却并不明白这样的宽容之道。

戴尔·卡耐基在做一期电台节目时,由于工作的疏忽,使他在介绍《小妇人》的作者时竟然说错了地理位置。有一位较真儿的听众写信来把他骂得体无完肤。面对如此粗鲁无礼的指责,卡耐基还是控制住了自己。他打电话给那个听众,向他表达了诚挚的道歉。这位听众开始很是吃惊，直到最后对他变得由衷地敬佩起来。

可见，宽容，是融合人际关系的催化剂，是友谊之桥的紧固剂。有了宽容，就意味着理解和通融，就有可能将敌意化解为友谊。莎士比亚说过："不要因为你的敌人燃起一把火，你就把自己烧死。"是啊，生气是用别人的过错来惩罚你自己，除了对自己造成伤害以外，你又能得到些什么呢？所以，让我们都学会宽容吧。这样不仅有益于你的身心健康，而且有利于提高你的道德修养，于人于己都是有益的。

宽容，作为一种美德越来越受到人们的重视和青睐。在生活中，面对别人无意或有意地伤害，你大可以宽容他，这样你不仅表现出别人难以达到的襟怀，你的形象也会因此瞬时变得高大起来，你的精神也会提升到一个新的境界，你的人格更会折射出高尚的光彩。

古人曾写诗说："千里家书只为墙，让他三尺又何妨。万里长城今犹在，不见当年秦始皇。"有这种气度的人往往会在人际交往中获得更多的人缘。

在日常生活中，难免会发生伤害到别人的事：亲密无间的朋友无意或有意做了伤害你的事，你是宽容他，还是从此分手，或

第二章 心平才能气和

伺机报复？如果以牙还牙，只能是冤冤相报何时了。如果你能以一种大度的心去宽容对方，表现出别人难以达到的襟怀，你的形象瞬时就会高大起来，你的宽宏大量、光明磊落使你的精神达到了一个新的境界，使你的人格折射出高尚的光彩。

在很多人看来，只有做了错事得到报应才算公平。但英国诗人济慈说："人们应该彼此容忍，每个人都有缺点，在他最薄弱的方面，每个人都能被切割捣碎。"事实上，在每个人的身上，总会有这样或那样的弱点与缺陷，正是因为有这些弱点和缺陷，才使他们犯下这样那样的错误。从某种意义上说，如果所犯之错没有伤害他人，那你也要做出内心的检讨。

宽容是做人的一种至高境界。一位哲人说："天空收容每一片云彩，不论其美丑，故天空广阔无比；高山收容每一块岩石，不论其大小，故高山雄伟壮观；大海收容每一朵浪花，不论其清浊，故大海浩瀚无比。"一颗宽容的心是无可比拟的。宽以待人，就要将心比心，推己及人。孔子早就告诫人们："己欲立而立人，己欲达而达人；己所不欲，勿施于人。"人同此心，心同此理，一件事情，你自己不能接受、不愿意做，别人也一定不愿接受、不愿意做。推己及人，是以自己为标尺，衡量举止能否为人所接受，其依据是人同此心，心同此理。将心比心，设身处地，还可以用角色互换的方法，假设自己站在对方的位置上，想想会有什么反应、感觉，理解他人，体谅他人。

一个年轻人抱怨妻子近来总是对他大吵大闹，情绪变得忧郁、沮丧，常为一些鸡毛蒜皮的小事对他嚷嚷。这都是以前不曾发生的，他很苦恼。一位经验丰富的长者问他最近是否争吵过，青年回答说，为了装饰房间发生过争吵。他说："我爱好艺术，远比妻子更懂得色彩，我们为了各个房间的颜色大吵了一场，特别是卧室的颜色。我想漆这种颜色，她却想漆另一种颜色，我不肯让步，因为她对颜色的判断能力不强。"长者问："如果她把你的办公室重新布置一遍，并且说原来的布置不好，你会怎么想呢？""我绝不能容忍这样的事。"青年答道。于是长者解释："你的办公室是你的权力范围，而家庭及家里的东西则是你妻子的权力范围。如果按照你的想法去布置'她的'厨房，那她就会有你刚才的感觉，好像受到侵犯似的。当然，在住房布置问题上，最好双方能意见一致，但是，如果要商量，妻子应该有否决权。"青年人恍然大悟，回家对妻子说："你喜欢怎么布置房间就怎么布置吧，这是你的权力，随你的便吧！"妻子大为吃惊，也非常感动，后来两人言归于好。

　　作为朝夕相处的夫妻，尽管彼此都已经很了解对方，也要学会以宽容的心对待。生活本身已很烦琐，如果事事不能站到对方立场换位思考的话，最终夫妻也会反目。

　　夫妻相处之道如此，推及其他亦如此，只要我们能够宽容他人的过失，对万物都能坦然处之，那么，生活将会比较惬意。

　　古人云："地之秽者多生物，水之清者常无鱼。故君子当存含垢纳污之量。"人的内心不能太狭小了，因为世界本来就很复杂，什么样的人物都有，什么样的思想都有，如果你事事与人斤斤计较，只会自己堵死自己的路。因此，要想做一个有所成就的人，首先要养成宽宏大量的气度。

少一个敌人，就多一个朋友

天下没有绝对的敌人，因此，做事也不能太绝。山不转水转，总会有再见面的时候，所以最好给自己留条后路。

《圣经》中说："爱你们的仇敌，善待恨你们的人；诅咒你的，要为他祝福；凌辱你的，要为他祷告。"可能，我们还达不到这样的境界，毕竟，我们是普通人，而不是圣人，所以，不可能跳得出七情六欲、爱恨情仇。但是，我们应该学会宽容，宽容我们的对手，善待我们的对手。

在工作上，在事业上，你可以和对手拼个你死我活，没有人会说你的不是。但是，你不能将这种情绪也带到生活中去。如果你因为竞争而向对方进行人身上的攻击，甚至去骚扰人家的私人生活，那你的为人就有问题了。

其实，对待对手最好的办法不是争斗，而是合作。因为，如果双方势均力敌、不相上下，再争下去，只会让别人拣去便宜。所以，倒不如双方合作，这样才会获得最大利益。目前出现的强强联合，就是在这种情况下产生的。

洛克菲勒曾经说过："我需要强有力的人士，哪怕他是我的对手。"而他也一直是这样做的。

在这个大千世界里，我们各自走着自己的路，难免会有碰撞的时候。即使最和善的人也会有意无意地伤到别人，也许今天，也许昨天，或者很久很久以前。对于伤害你的人，你又持什么样的态度呢？视之如眼中钉、肉中刺，欲除之而后快？还是微微一笑，点头而过？

曾经有位哲学家说过：堵住痛苦的回忆激流的唯一方法就是原谅。原谅可以带来治疗内心创伤的奇迹，可以使朋友之间去除隔阂，对手之间去掉怨恨。诸葛亮曾经七擒孟获，但却并没有杀他，而是一次次地放他回去，最后终于化干戈为玉帛。我们对待对手，也应该学会这样的智慧。其实，大家都是为了生存，势必要去争夺有限的生存空间和资源，这也没有什么对错之分，又何必非要把对方置于死地呢？

其实，越是对手，其中越有许多的相似点。首先，能成为你的对手，那么在实力与智慧上便与你不相上下。然后，也必然会有着相同的追求。只是，各为其主，身不由己而已。如果不是立场不同，也许你们完全可以成为朋友。有时，我们甚至要感谢对手，因为如果没有他们，也许我们就会感到寂寞。如果真到了"独孤求败"那样的地步，可能就会成为一种可悲了。毕竟，一个人在路上走总会感到寂寞，需有人同行才有意思。如果你一直在与某个人较真儿，但某一天突然发现他不存在了，是不是会从心底感到某种失落呢？

美国在竞选总统之时，对手之间往往都会相互攻击，甚至还会破坏对手的名声。但是，选举结束之后，其中落败的一方却可以在对手所组成的内阁里担任要职。这种对人性的协调，对我们来说不能不是一种启示。

一个职场中人，应该是一个成熟智慧的人，知道什么东西对他有意义、有价值，"报仇"这件事虽然可消"心头之恨"，但"心头之恨"消了，也有可能失去了自己，所以"君子"应尝试着有仇不报，应该学会放下敌对，超越你的对手。

也许你认为有仇不报非君子，要"爱"上自己的对手，实在是件很难做到的事，因为很多人看到"对手"都会分外眼

第二章　心平才能气和

红。所以不去打击消灭对方，是因为没有能力或环境不允许，但是对他总是会保持一种冷淡的态度，或说些嘲讽的话。由此可见，要放下敌对是多么难。就因为对待对手的态度，人的成就才有高有低，有大有小。能当众拥抱对手的人，他的成就往往比不能"爱"对手的人更大。

学会放下敌对，要让自己站在主动的地位，采取主动的人是"制人而不受制于人"的人。你采取了主动，既迷惑了第三者，搞不清楚你和对方到底是敌是友甚至还会误以为你们已"化敌为友"；也迷惑了对手，使对手搞不清你对他的态度。但是，是敌是友，只有你心里才明白。如果你采取主动，对手就处于被动了。

处于被动的对手，如果不能做到也对你表示友好，别人就会觉得他没有度量，对他的评价就会多有贬低，这对他是非常不利的。

一间小商店对面新开了一家大型超市，这家超市严重影响了小商店的生意，小商店面临倒闭的危机。小商店的老板忧愁地找牧师诉苦。牧师建议他："每天早上站在自家商店门前祈祷你的商店生意兴隆，然后转过身去，也同样地祈祷那家超市，也就是当众拥抱你的敌人，为你的对手祈祷。"

一段时间过后,正如人们预料的,小商店果然关门了,但是小商店的老板却被聘为了那家超市的经理人,而且收入比以前更好。

从上面的小故事不难看出,对你的对手表示友好,既可以在某种程度上降低你们之间的敌意,也可避免恶化你与对方的关系。换句话说,要在为敌为友之间留下一条灰色地带,免得敌意鲜明,反而阻止了自己的去路与退路。

此外,你的友好表示,也将使你的对手失去了对你进行攻击的理由,若他不理睬你的拥抱而依旧攻击你,那么他必招致众人的谴责。而最重要的是,放下敌对的行为一旦做了出来,久而久之会成为习惯,让你与人相处时,变得大度超然,能容天下人、天下物,进退自如,这正是成就大事业的人不可缺少的胸怀。

因此,体育比赛开始之前,双方都要拥抱或握手,比赛结束之后再来一次,这是最常见的"当众拥抱你的敌人"的一种方式。

在办公室里,同事之间一般不会有什么深仇大恨,毕竟是同事,都在为着同一家公司工作,只有大家的共同利益实现了,自己的利益才能实现。

第二章 心平才能气和

如果遇到对手，并不是一件坏事，你不能保证自己永远正确，也许对手的某些想法和做法是正确的。所以，要学会放下敌对，"爱"上并超越你的对手。

记住：敌意既是一点一点增加的，也可以一点一点地消失。中国有句老话："冤家宜解不宜结。"大家一起工作，低头不见抬头见，还是少结冤家比较有利于你自己。

学会遗忘，过去的就过去了

> 人生，向上走，眼睛，也应该向前看，不应该再去留恋过去。过去的，就让它过去吧，无论是什么，都已成为了历史，应该埋进时间的尘埃中去。

有这样一个故事，有一个人去爬山，他带了一个很大很大的背包，里面都是些必需品，有食物、水、指南针、护理药品、绳索，还有各种各样的瓶瓶罐罐。这些东西太重了，山路又十分陡峭，还没有爬到一半他就累得喘起粗气来。他坐在地上歇了半天，然后又继续往前走。但是没有走多远，他又累得满头大汗，只好又停下来，坐在路边休息。就这样，一会儿行，一会儿歇，总算爬到了半山腰。这时山上下来一个老

第二章 心平才能气和

农,见他这个模样不禁哈哈大笑起来。他问老农为何笑他,老农说:"爬山就是向上走,眼睛就要向前看,没有用的东西就要通通丢掉。像你这个样子,就算爬到了山顶,恐怕也快累死了。"

年轻人一听,老农说得很对,于是,就忍痛扔了那些没有用的东西,结果行起路来果然轻松了很多。

或许,你会留恋过去的辉煌、过去的掌声、过去的鲜花,但那些毕竟都是往事了,留恋是没有任何意义的,反而会成为累赘。

"智慧的艺术,就在于知道什么可以忽略。天才永远知道可以不把什么放在心上!"是的,该忽略的,就让它忽略;该放手的,就让它放手。生命的过程就如同一次旅行,如果把每一次的成败得失都扛在肩上,今后的路又怎么走?

所以,让我们把过去的一切埋葬,与过去说声再见,潇洒地跟往事干杯!人生的路上,我们所看到的,并不都是美丽的风景,这时,就要学会遗忘。遗忘,是一种解脱。只有学会遗忘,我们才能以更加积极的心态去面对生活。

有一个女孩,年纪轻轻得了白血病,眼见生命垂危,父母悲痛万分。女孩却很坚强，尽管她身体虚弱，但是每天都会给母亲讲笑话，让母亲陪她散步。

她喜欢夕阳，每天都会出神地坐在那里看它静静地沉落。她看得那样出神，以致忘了周围的一切。每到这时，母亲便会悲痛万分，她知道女儿之所以对夕阳那样迷恋是因为她知道自己以后再不会有机会看到了，因此她总会流泪。女儿笑着说："夕阳落了，世界才会那样宁静。"

女儿的病已经越来越重，父母守在女儿的病床前，泪流满面。女儿仍是那样镇静，微笑着对他们说："忘记我的离去，我就会永远生活在你们心中！"说完，女儿闭上了眼睛，他们痛不欲生，但女儿的话鼓励了他们。是的，忘记她的离去，她就会永远生活在你的心中。

上天赐予我们宝贵的礼物之一便是"遗忘"。学会遗忘，可以放下过去的包袱，可以活得更加轻松。

人们往往忽略了遗忘，因为所有的教育、所有的理论都在强调记忆的好处。

美好的事物容易忘却，痛苦的记忆却总是长久地储存。因为那些事情的确撼动过心灵，而人类的天性似乎总是将目光锁

第二章 心平才能气和

定在"已失去"的或"没有的",而忘记了"已有的"和"曾经拥有的",这也是为什么我们会感到苦恼的原因。

一个人,只有学会淡忘,才会活得幸福。可是我们总又忘不了,这是因为我们不想放下,如果可以放下,自然也就可以淡忘了。

一座古庙,坐落于风光秀丽的峨眉山。山上树木秀美,山下绿水潺潺。

庙里有个老和尚,每天都会在傍晚时分出来散步。他有一条小犬,名叫"放下"。

小和尚觉得很奇怪,一直想知道师傅为什么给小犬起这么一个名字。老和尚不语,只说了句"自己去悟"。小和尚只好每天观察着师父,他见师父每天都会带着"放下"在林间散步,赏落日,迎清风,优哉游哉,小和尚大悟。原来师父每次叫小犬"放下",也是在提醒自己放下啊!

人生总会有太多的负担,我们必须向那位禅师那样学会"放下"。因为只有这样,才会放下俗世烦扰,自由自在地生活。

第三章

宽容大度，方成大气

第三章　宽容大度，方成大气

宽容大度，方能成大气

> 天空包容每一片云彩，无论其美丑，所以天空广阔无边。高山包容每一块岩石，无论其大小，所以高山雄伟无比。大海包容每一朵浪花，无论其清浊，所以大海浩瀚无涯。

欧文说："宽容精神是一切事物中最伟大的。"宽容是做人的一种境界，是一种仁爱的光芒，是对别人的释怀，也是对自己的善待。法国著名作家雨果曾说："世界上最广阔的是海洋，比海洋更广阔的是天空，比天空更广阔的是人的胸怀。"大海因为宽广，所以可以波浪滔天；天空因为宽广，所以可以包容万物；而人也因为胸怀宽广，才可以笑傲一切。

宽容是一种涵养，如丝丝细雨，能滋润你干涩的心灵；又似暖暖春风，吹散心头的阴云，还你一片天空。宽容不是懦弱，而是一种豁达和大度；宽容也不是放纵，而是一种关怀和体谅。宽容是人与人之间的一种润滑剂，也是人生的一堂必修课。

佛家说"有容乃大"，一个人有什么样心胸，就会有什么样的人生。凡是能成大事的人，无一不是胸怀宽广的。

罗兰说："生活中，多数不快乐的事情，多半都是由于我们自己情绪消极，和对别人不信任所引起。假如我们有办法使自己在单调的事物中看出乐趣，在平凡的人群里找出他们可爱可敬之处，我们就自然乐意和别人相处，也自然会使自己觉得前途光明。面对一切纷争攘夺的烦恼，也自然会看淡了。"

人与人之间交往，总会有发生摩擦的时候，而宽容则是消除这种误会的最佳良药。一个人如果不懂得宽容，那么就很难赢得别人的友谊，甚至连曾经的友谊也会失去。生活中，我们经常会见到一对很要好的朋友，因为一点儿小事而不欢而散。毕竟都是年轻人，都有火气，你不让我，我也不让你，结果仅为一点儿小事，变成陌路人。英国诗人济慈说过："人们应该彼此容忍，每个人都有缺点，在他最薄弱的方面，每个人都能被切割捣碎。"是的，人无完人，每个人都有犯错的时候，我

第三章　宽容大度，方成大气

们应该彼此宽容，而不是相互伤害。

有一对老夫妻，他们生活了几十年从来没有闹过矛盾。在他们金婚纪念日那天，有人问他们婚姻保鲜的秘诀是什么。老妇人说："从我结婚那天起，我便列出了丈夫的十条缺点，并告诉自己，为了我们的婚姻幸福，每当他犯了这十条当中的任何一条时，我都会原谅他。"有人问他那十条缺点是什么，丈夫也感到奇怪地望着她。只见老妇人不慌不忙地说："实话告诉你们，我从没有将这十条内容列出。每当他惹我生气的时候，我总会对自己说，算他好运，犯的是可以原谅的那些错误，这次就不与他计较了吧！"

人与人之间多一些宽容，彼此之间的摩擦就会减少。宽容当然不仅仅适用于婚姻，还适用于友谊，以及与任何人的相处之中。特别是我们的朋友，或许因为不小心，彼此总会伤害到对方，这时，受伤的一方给予对方的应该是宽容，而是不是斤斤计较。毕竟，朋友是我们除家人之外最为亲近的人，他们会直言不讳地指出我们的缺点，偶尔也会让我们感到难堪。但是，爱之深，责之切。就像家人小时候教育我们一样，偶尔也会有拳脚相加的时候，但是那都是为了我们的成长。没有人会计较父母对我们的那些责骂，自然我们也不应该计较朋友的一些无心之失。

为人处世要懂得宽容。要体谅他人，遇事多为别人着想，即使别人犯了错误，或冒犯了自己，也不要斤斤计较，以免因小失大，伤害相互之间的感情。比如，一个朋友只是开玩笑或不小心做了令你反感的事，你不应该生气，你应该好好地与他谈，或者就原谅他了，你会发现你们的友谊比原先更好了。你也应该找几个比较信赖的朋友，相互谈谈，争取你们的友谊更上一层楼，那时你会发现，原来在此期间不知不觉包容了很多令你不高兴的事。

宽容可以让我们赢得人心，而得人心者得天下。我们的眼界也会随着交往的增多而更为宽阔，事业也会随之而更加成功，我们的生活也会变得和谐美好。因为拥有宽容的人，就如同把太阳挂在了自己的头顶，而世界上有哪个人能离得开太阳的照耀呢？

宽容是海纳百川，宽容是厚德载物，宽容是淡泊明志，宽容是宁静致远。康德告诉我们："只有两样事物能让我的内心深深震撼：一个是我们头顶璀璨的星空，一个是我们心中崇高的道德法则。"当今世界，种族、宗教冲突不断，但"只要人人都多一分宽容,世界将变成美好的人间",如我所愿!

一定要懂得宽容,它将使你的人生道路越走越宽广!

宽容别人，快乐自己

>宽容就像天上的细雨滋润着大地。它赐福于宽容的人，也赐福于被宽容的人。

在竞争激烈的现代社会，人们之间有磕碰是在所难免的，我们在社会交往中，吃亏、被误解、受委屈一类的事也是经常发生。

对个人来说，没有人愿意这样的事情发生在自己身上，一旦发生了，最明智的选择就是宽容。宽容不仅仅包含着理解和原谅，更显示出气度和胸襟。宽容的是别人，带给自己的却是快乐。往往有时候因为你的宽容能改变别人的一生。

有一个孩子由于从小父母离异，谁都不管教他，这样一

第三章 宽容大度，方成大气

来，他就经常和社会上的一些小混混搅和在一块，养成了很多恶习。

一天，放学后他走到学校门口，看见路边摆了一个书摊，前面挤满了人。小孩平时很喜欢看一些图画书、故事书，于是他也挤进去看看卖的是什么。原来卖的全是花花绿绿的小人书，很多都是他以前没有看过的。对于小孩来说，小人书是最具吸引力的，很多人掏钱把书买走了。这个小孩也想买一本，可是一掏口袋，发现没钱。这可怎么办好呢？如果现在回家向家长要钱，再来恐怕就卖完了，他很是伤脑筋，不知如何是好。这时候，一个罪恶的念头闪进了脑海，偷！再说，以前和街头的小流氓们也偷过东西。

于是，他装作要买书的样子，拿起那本他想要的书翻了翻，趁摊主大爷找钱的时候偷偷塞进了书包里。就这样，很轻松就得手了，他转身想赶快离开，突然一个洪亮的声音响起："大爷，他偷你的书！"刚才站在他身边的一个男生看见了他的行为，这时，小孩吓出了一身冷汗，怔在那里，脸一阵红、一阵白。

他正在那里不知所措呢，听见摊主大爷说："哦，同学，你误会了。他是我孙子。"

刚才那个男生看见是自己误会了，便向大爷道歉离开了。小孩顿时有些傻眼，大爷又说："你先回去吧，叫奶奶先做饭，我一会儿就回去。"他知道，大爷是帮自己解围，并告诉自己离开。可是他并没有离开，而是躲在一个角落里，直到摊主大爷收摊回家。他很想跑过去，向大爷说声对不起，可是他丧失了勇气。他知道，摊主大爷宽容了他。从那以后，小孩再也没有偷过东西。

多年以后，当摊主大爷快要忘记这件事情的时候，他突然收到一个厚厚的包裹，里面全是书，每本书上面都写着同样一句话："赠予改变我一生的人。"还有一封信，信上说："大爷，您好。我就是当年偷您小人书的那个孩子，您以无限的胸怀宽容了我，您是改变我一生的人。如果您不介意，我真想叫您一声爷爷。从那以后，我再也没有偷东西，现在我有了自己的工作，为了报答您对我的宽容，我想寄一些书给您，但是这些书又怎么能够报答您对我的恩惠和宽容。"

第三章 宽容大度，方成大气

是啊，宽容有如此强大的力量，有时候能改变一个人的一生。宽容是一种博大的情怀，它能包容人世间的喜怒哀乐。宽容也是一种境界，它能使人生跃上新的台阶。海纳百川，有容乃大。有了这样的度量，还有什么东西容不下呢？

17世纪的时候，两个国家之间发生了战争。一场激烈的战斗下来，其中一个国家打了胜仗。战后，这个国家的一个士兵坐下来，正准备取出壶中的水解渴，突然听到呻吟的声音，原来在不远处躺着一个受了重伤的敌国的士兵，正眼睁睁地看着他的水壶。"你比我更需要。"士兵走过去，将水壶送到伤者的口中，但是那个人却突然伸出手中的长矛刺向他，幸好偏了一点儿，只伤到士兵的手臂。"嗨!你竟然如此回报我。"士兵说，"我原来要将整壶水给你喝，但现在只能给你一半了。"

这件事后来被战胜国的国王知道了，特别召见了那个士兵，问他为什么不把那个忘恩负义的家伙杀掉，士兵轻松地回答："我不想杀受伤的人。"

说实话，能拥有这样胸襟的人又能有几人？能拥有如此胸怀的人很令人敬佩。

当然，宽容也是有限度的，而且也是分对象的，要分清楚你所宽容的对象值不值得你宽容,如果说是那种对自己犯的错误屡教不改的人,那就不能一直忍受和宽容他,这样的宽容虽然是善意的,但是不一定有效果。

所谓宽以待人是善意地对待别人的不足和缺点。因为再完美的人,都会有缺点,有的缺点甚至在别人看来难以接受。但是一个成年人老犯原则性的错误,或者是品质特别恶劣,你可以宽容他一次,并且善意地规劝他,但在没有得到悔改的情况下,就不能够一直对他所犯的错误宽容下去。

第三章　宽容大度，方成大气

你若能宽容世界，世界就能容你

> 宽广的胸怀可以包容一切，即使是常人感觉非常难过的事，一个具有宽广胸怀的人在包容的同时也会从中体会到快乐，并会获得收获。

一位哲学家说："当你学会宽容时，你便领悟了生命的内涵，便能站到比别人更高的位置；当你站到这个这个位置看问题和处理事情时，就会比别人更加透彻、更加有效；当你学会宽容时，你就会很容易地得到别人的宽容。当你原谅别人，别人也会原谅你。不原谅别人，等于是不给自己留一份余地、留一条后路。掐住对手脖子不放的人，也很难从敌人的手中脱身。"

宽容不但可以使人们原谅别人的过失，也会让那些一直对生活感到不满的人停止他们的抱怨。

"宽容是互赠的礼品。"当我们原谅别人的同时也会得到别人对自己的原谅,一个懂得宽容的人不会对任何人产生怨恨或是报复的心理,即便有人对他们做了很过分的事情,他们也会用一颗包容的心去感化对方,让对方认识到自己的错误并改正过来。一个懂得宽容的人,他的世界里永远不存在抱怨,他们坦然面对别人和自己的过失,在遇到困难的时候他们会选择用克服和原谅的方式去解决问题,而不是一味地抱怨。

在很多人眼里宽容是一种懦弱的行为,是因为没有能力反击才"坐以待毙"的,甚至还有很多人认为宽容和愚蠢没什么两样。这样的想法是完全不对的,在我看来那些懂得宽容的人是世界上最聪明、最伟大的人。聪明是因为他们在处理事情的时候,从来不会与别人发生争执,而是用自己的品格去感悟对方,让对方自己认识到错误,这样不但可以在没有任何争斗的情况下将冲突化解,还可以得到更多人的尊重。伟大是因为即使他们没有感悟对方,甚至还会为自己惹来一些麻烦,可他们同样可以乐观地面对、包容别人对自己的过失。宽容是什么?宽容是一种无私的爱,是一架友谊的桥梁,是打造和谐最好的方法。宽容使人们变得更加美丽,宽容使人们更加幸福,宽容使人们的生活更加快乐。

用宽广的胸怀去包容对方,是化解矛盾最有效的方法。一位哲学家曾这样说道:"宽容可忍让的痛苦,注定将换来甜蜜的结果。"其实,宽容也是一种付出,而且是一种更为伟大的付出。付出自然就会得到回报,和物质相比精神上的付出将会给人们带来更多、更大的收益。

很多时候,人们常常会因为对一件事产生不同的看法而发生争执,如果双方都互不相让,无法宽容对方,都想占据上风,结果往往会造成僵持,甚至会两败俱伤,搞得双方都不快乐。工作需要谦让,生活同样需要相互包容,快乐是在和谐的前提下产生的,快乐的生活需要我们相互包容和理解,一个得理不让人、处处争先的人,永远也体会不到被尊重的感觉,更别提体会到生活的快乐了。

宽容是一种智慧

> 宇宙之所以宽阔,是因为他能包容璀璨繁星。地球之所以神奇,是因为它能包容寄居在它身上的物种。人类之所以能成功,是因为有一颗包容的心。

宽容是一种仁爱的光芒,是一种无上的福分,是对别人的释怀,也是对自己的善待。正是我们拥有了宽容的心态,我们才明白宽容不仅是一个需要具备的素质,更是一种人生的境界。

我们常说,智者能容人,越是睿智的人,越是胸怀宽广,大度能容。因为他洞察生活的真善美丑,他对人情世故,看得深、想得开、放得下。所以,要使人信服,请以友善的方式开始。

《伊索寓言》里有一个关于太阳和风的故事。一天,太

第三章 宽容大度，方成大气

阳与风正在争论谁比较强壮，风说："当然是我。你看下面那位穿着外套的老人，我打赌，我可以比你更快地叫他脱下外套。"说着，风便用力对着老人吹，希望把老人的外套吹下来。但是它越吹，老人越是把外套裹得更紧。后来，风吹累了，太阳便从后面走出来，暖洋洋地照在老人身上。没多久，老人便开始擦汗，并且把外套脱了下来。太阳于是对风说："温暖、友善永远强过激烈与狂暴。"

温暖、友善和赞赏的态度更能叫人改变心意，这是咆哮和猛烈攻击所难奏效的。

太阳之所以能使老人脱下外套是因为它是以友善的态度对待老人的，正如一句话所说："处世让一步为高，退一步即进步的根本；待人宽容一分是福，利人是利己的根本。"

看看那些像太阳一样懂得温和、友善的人，他们知道，对于那些知道自己错了的人，给予他们宽容的微笑就是对他们最大的鼓励。他们也深知，只有给予别人宽容才会获得别人的尊敬，人生的路才会更好走。

史瓦兹是一位在服装界非常有名气的商人，他的成功就和自己善于包容不同个性人才的品格有很大的关系。

史瓦兹刚进入服装界的时候，有一次，他带着样衣经过一家小服装店，小服装店的店主觉得史瓦兹手中的样衣简直就是件垃圾货，说他的衣服只能堆在仓库里，再过10年也不会有人买。面对店主无缘无故的讥讽，史瓦兹并没有反唇相讥，反而诚恳地请教，这小店主说得句句有理。史瓦兹大为震撼，愿以高薪聘请这位店主。没想到这人不仅不接受聘请，又讥讽了史瓦兹一通。但是史瓦兹没有放弃，通过各种方式打听，终于知道这位小服装店的店主居然是一位极为出色的服装设计师，只是因为他自诩天才、性情怪僻而与多位上司闹翻，一气之下发誓不再设计服装，该行做了商人。

史瓦兹弄清原委后，三番五次地登门拜访，并且诚恳请教。这位设计师依旧火冒三丈，劈头盖脸地责怪他，坚决不肯答应。史瓦兹毫不气馁，经常去看望他，经常陪他聊天并给予他热情的帮助。后来，这位怪人自己感到不好意思，终于答应史瓦兹，但是条件很苛刻，他提出一旦自己不满意，可以随意更改设计图案，可以自由自在地上班。果然，这位设计师虽然顶撞史瓦兹，让他下不了台，但是其创造的效益实在巨大，帮

助史瓦兹建立了一个强大的服装帝国。

这位设计师的脾气不仅怪异,甚至有点恃才傲物,但是史瓦兹慧眼识才,懂得他的价值所在,对他的缺点和不足一一宽容,使他帮助自己的事业更上一层楼。

宽容是一种智慧,只有那些胸襟开阔的人才会自然而言地运用宽容,让这种无声的力量浸透每一个人的心灵深处,达成战胜一切的境界。

包容是中华民族的传统美德,也是通向成功的指南针。但我们要切记的是宽容而不纵容。当我们懂得宽容、学会宽容时,那么成功便可指日可待了。

宽容是一种无私的爱

> 宽容是一种最美好的人生境界,既然承受了生命之重,就要去包容生命中所有的挫折与暗淡,总有一天命运会赐予你一份灿烂的礼物,使你的生命高贵而美好。

纪伯伦说:"一个伟大的人有两颗心:一颗心流血,一颗心宽容。"一个胸怀宽广的人,才懂得去爱别人。这正如著名心理学家雅力逊指出的,人要先爱自己才懂得去爱别人。因为只有视自己为有价值的人,才可以有安全感、有胆量去开放自己,去爱别人。一个胸怀宽广的人具有王者风范,他知道适可而止,懂得以和为贵的重要性,他追求的是品德上的出类拔萃,总会在风云变幻时三思而行。明白"退一步海阔天空"的

第三章　宽容大度，方成大气

道理，当然也就会生活得更加快乐、幸福。

王先生是一名很有名气的律师。虽然律师是个很容易得罪人的职业，但王先生却被许多人尊敬。他的声誉极高，他那极具权威的辩论始终充满了温暖和忍让，他的辩论中经常出现这些词语："当你面对原告时，你要学会忍让""当你受到伤害时，你要学会忍让""这有待陪审团的考虑""这也许值得再深思""这里有些事实，相信您没有忽略""这一点，有您对人性的了解，相信很容易看出这件事情的重大意义"——没有恫吓，没有高压手段，没有强迫说明的企图。王先生用的都是忍让的处理方式，但仍不失权威性，而这正是他成功的最大助力。

所以说，宽容的力量一旦蕴积于我们身上，我们必须不断磨炼它。开始时，可能要花费不少时间。我们努力原谅别人，但第二天却突然又开始责备他们。这是学习宽容别人的过程中在所难免的。

我们要用一颗宽容的心去对待每一件事情，善待身边的每一个人，无论是朋友，还是敌人，我们都应该这样去做。

在第二次世界大战中，一支英国军队与德国军队在一片丛林中相遇，双方展开了激烈的争战。由于丛林茂密，来自一个镇上的两名英国士兵迷失了方向，他们在丛林中艰难跋涉，他们互相鼓励、彼此安慰。可十多天过去了，他们仍旧没有能与大部队联系上。他们身上早就没有了食物。这一天，他们打死了一只鹿，他们依靠鹿肉又艰难地度过了几天。可是，整个丛林除了一只鹿之外，他们再也没有见过其他动物。他们将仅剩下的一点儿鹿肉背在年轻战士兵的身上。

这一天，他们在丛林中又一次与敌人相遇，经过一番激战，他们巧妙地躲开了敌人。就在早就以为安全了的时候，只听一声枪响，走在前面的年轻士兵中了一枪，不过他的运气很好，子弹打在了他的肩膀上。后面的士兵恐慌地跑了过来，他害怕得语无伦次，抱着战友泪流不止，并赶快把自己的衣服撕碎给战友包扎伤口。

晚上，未受伤的士兵一直念叨着他的母亲，两眼直勾勾的。他们都以为熬不过这一关了，尽管饥饿难忍，可他们谁也没有动身边的鹿肉。天知道他们是怎么熬过那一夜的。第二天，部队救了他们。

事隔多年，那位受伤的士兵说："我知道谁开的那一枪，他就是我的战友。当时在他抱住我时，我碰到了他发热的枪管。当时我怎么也想不明白他为什么要向我开枪？但当晚我就宽恕了他。我知道他想独吞我身上的鹿肉，我也知道他想为了他母亲活下来。接下来这么多年，我装作根本不知道此事，也从未提起。战争太残酷了，他母亲没有等到他回来。我和他一起去祭奠了她老人家。那一天，他跪下来，请求我原谅他，我没有让他说下去。我们又做了几十年的好朋友，我宽恕了他。"

宽容是爱心和智慧的一种表现。荀子说："君子贤而能容霸，智而能容愚，博而能容浅，粹而能容杂。"宽容的神奇就在于化干戈为玉帛、化敌人为朋友。宽容他人，不仅给他人以改过自新的机会，更能将自己从憎恨的痛苦中解决出来！

宽容是伴随一生的处世学问

宽恕别人对我们来说并不困难，却也不容易。当我们的心灵为自己选择了宽恕的时候，我们便获得了应有的自由。因为我们已经放下了仇恨的包袱，无论是面对朋友还是仇人，我们都能够赠以甜美的微笑。

一个富翁很老的时候，想把他的财产留给一个最精明的儿子，于是，他让三个儿子去各处闯荡，去了解一下外面的世界。临行前，他对三个儿子说："你们一年后回到这里，告诉我你们这一年内所做过的最高尚的事，一年后，能做到最高尚事情的那个孩子，就能得到我的财产。"

很快一年过去了，三个儿子都回来了。富翁让他们说说自己的收获。

老大说:"在游荡期间,我曾遇到一个陌生人,他十分信任我,把很多钱交给我保管,但他一直没有来要回他的这些钱,但我还是到处询问找到他的家人把这些钱交给了他们。"

富翁说:"你做得很好,坦诚是你应有的品德,但称不上是高尚的事情。"

老二说:"我到一个贫穷的村落时,见到一位老人不小心掉到湖里去了,我奋不顾身把他救了上来,老人要用金钱感谢我,但我拒绝了。"

富翁说:"你做得也很好,但救人是你应尽的责任,这称不上是高尚的事情。"

老三说:"在旅途中,有一个和我结伴同行的人,他千方百计地想陷害我,有好几次,我差点死在他的手中。一天晚上,我在悬崖边发现他正睡在一棵大树旁,我只要轻轻踢他一脚,就可以把他踢下悬崖,但我没有那么做,我叫醒他,并告诉他不要在这里睡觉,这样很危险。不过,这的确不算什么大事。"

富翁笑着对小儿子说："孩子，你能帮助你的仇人，是高尚而神圣的事，我决定把财产留给你。"

懂得宽容别人的人是伟大的，这样的人可以赢得更多人的尊重和爱戴。古人有云："人非圣贤，孰能无过，知错能改，善莫大焉。"没有谁敢说自己一辈子都不会犯错。其实，人们每天都在犯错误，只不过轻重不同而已。宽容也绝不意味着放纵，不是无原则的纵容、偏袒与迁就。宽容错误绝不是纵容人犯错，更不是对人所犯的错视而不见，听而不闻，而是用一颗平常心去对待，对其正确地引导，给予其改过的勇气与机会。

宽容不但可以增进友谊，而且还可以化解矛盾。俗话说："舌头哪有不碰牙的时候。"与人相处时，即便是最好的朋友，也难免会发生一些小摩擦，这时，我们就要学会宽容对方。这样，小摩擦不但不会影响彼此间的友谊，反而会使友情更加牢固。

由此可以看出，误会的事，是人往往在不了解、无理智、无耐心、缺少思考、未能多方体谅对方、反省自己、感情极为冲动的情况之下发生的。

误会一开始，即一直只想到对方的千错万错，因此，会使误会越陷越深，弄到不可收拾的地步。

第三章 宽容大度，方成大气

我在高中的时候谈过一次恋爱，也算是我的第一次恋爱吧！那一次，我的女朋友和她的一个女同学来到了我们家，并在我们家里玩了好几天。也正是因为这样，我的哥哥喜欢上了那个女同学，她也喜欢我哥哥。但一年之后，他们两个分手了。情况是这样的，我的一位朋友告诉我："你哥和他女朋友分手，其实是你朋友在后面搞的小把戏。"正是因为这样的一句话，我和我女朋友也分手了。当时，她跟我说了原因：因为那个女孩子，根本就不喜欢我哥，而是看上了我哥的经济条件。虽然我从心里原谅了她，但是嘴上还是没有宽恕她，一直到现在，我和她不再联系了，但我的心里总是不平静，想到她的时候，我的心里好像总有一块石头压着似的，我很想当着她的面对她说，我已经原谅你了，但现在没有这个机会了，也许有一天，我们再见面的时候，彼此都会把这件事重新来做出另一种评说吧！但是我一定会对她说我原谅了她，我不想再让我的心灵受到谴责。所以，我们每个人都应该学着去宽恕，因为宽恕别人会让你得到心灵的放松，会有一些你意想不到的结局。

我喜欢看一些历史书籍，我在一本书上看到过这样一位古人，他是汉朝的刘宽，刘宽为人宽厚仁慈。他在南阳当太守时，小吏、老百姓做错了事，他只是让差役用蒲鞭责打，表示羞辱，从不重打，此举深得人心。

刘宽的夫人为了试探他是否像人们说的那样仁厚，便让婢女在他和属下集体办公的时候捧出肉汤，装作不小心把肉汤洒在他的身上，看刘宽会不会发怒。结果，夫人的良苦用心落空了，刘宽还是没有发火，反而问婢女："肉汤有没有烫着你的手？"由此可见，刘宽为人宽容的度量确实超乎一般人。试想，如果这种情况发生在我们身上，我们又会如何做呢？是学刘宽一样，还是把婢女责打一顿，就算不打也要把婢女怒斥一番呢？

更有趣的是，一次刘宽外出，由于马被借出去了，所以他只能用自家的牛驾车，当他走到半路的时候，有一个农夫硬把刘宽的牛说成了是自己的。对于这件事情，刘宽没有多说什么，他只是把牛给了农夫，并说，你先把牛牵去吧！如果你认为它是你的，那么，你就好好地对待它，如果哪一天你发现它不是你的牛了，送回来给我就行。说完，刘宽就走了。如果这件事的主人公，换作是我们自己，肯定免不了一番争吵，可刘宽什么也没说，这说明什么呢？其实这就是宽容。

宽容说起来简单，但当我们去实施的时候，我们就会感觉到，真正的宽容并不那么容易。宽容是一种集合了修养、气度、德行的处世学问。它能够使我们得到意想不到的收获。在当代社会中，如果我们每个人都能做到宽容，那么，我们的社会就会变得更加友善和美好。所以，我们在与他人相处的过程中，应该记住一位哲人所讲的话："航行中有一条规律可循，操纵灵敏的船应该给不太灵敏的船让道。"尤其是在我们在与人相处时，当我们与别人发生矛盾时，我们更要做到宽容，做一个肯理解、容纳他人优点和缺点的人，才会受到人们的欢迎。因此，为了培养和锻炼良好的心理素质，我们要勇于接受宽容的考验，即使在情绪无法控制时，也要忍一忍，就能避免急躁和鲁莽，控制住自己冲动的行为。

少些浮躁怒气，多些宁静淡泊

生活中许多事情不是像我们想的那么糟糕，只要我们能很好地控制自己的情绪，许多事情是可以由消极转化为积极的。我们要做的是成为情绪的主人，做一个更有思想、更理智的人。

要衡量一个人的力量，必须看他能在多大程度上克制自己的情感，而不是他发怒时爆发出来的威力。

因此，愤怒时，要思考一下：到底做情绪的主人，还在做情绪的奴隶？

心理学显示，人类有九大情绪，其中有一个是中性的，正面的情绪有两种，而其余六种都是负面的情绪。由于人的负面情绪占绝对多数，因此，人不知不觉就会进入不良情绪状态。我们只有把好的情绪充分调动出来，使大家经常处于积极的情绪当中。好的心情，使你产生向上的力量，使你喜悦、生机勃勃、沉着、冷静。大凡开心快乐、生活美好的人都是生活中自我情绪的调控高手。他们是怎样做到的呢？

第一，爱人的心。世界的每个角落，我们都可以发现美的踪迹，在生命最轻微的呼吸中，我们也能够感觉到美的奇迹。一沙一世界，一花一天堂。这些美好的感觉，只有拥有一颗爱心的人才能够发现。因为他们拥有能够把爱心化为一种温情的力量，这种温情能够穿越冰山，融化冷雪，就如雨后的彩虹、冬日里的阳光一样，把美丽播撒到世界的每一个角落。拥有爱心的人，是世界上最有影响力的人。

第二，感恩的心。感谢命运，感恩生活。常怀感恩之心的人，会生活得很快乐。感谢那些用言语中伤你的人，因为他们让你学会坚强，学会在逆境中生存。感谢那些曾经欺骗过你的人，因为他们丰富了你的智慧。感谢那些否定你的人，因为他们磨炼了你的意志。用感恩的心看待世间之事，你的生活就如百花一样灿烂与芬芳。

第三，好奇的心。不满足是向上的车轮。人们为什么会不满足呢？是因为人们有好奇心，用好奇的心去探索，人生无论成长到哪个阶段，都不能丢失了好奇心，像个孩子一样去欣赏那些美妙的事情。好奇心让你敢于尝试，便会创造一些别人没有的机会。如果你不希望你的人生暗淡无光、索然无味，那就保持你的好奇心，让你的潜能得到发挥。人生是一场永无止境的学习与探索，其中"好奇"是发现神奇的动力。

第四，热情的心。在一条起跑线上，当一声令下，你就要冲击目标，就要争分夺秒、把握时机、提速前进、排除万难，而拥有一颗热情的心会让你赢得时间、赢得主动，大获成功。热情具有强大的力量，它会为你的生活增色添彩，也会把你的困难的难度系数降低，甚至会将它化为机会。19世纪英国著名首相狄斯雷利曾说过这样的话："一个人要想成为伟人，唯一的途径便是做任何事都得抱着热情。"那你如何才能有热情呢？像拥有好奇心、爱心、感恩的心一样，你可以通过改变谈话的语气语调，有理、有力、有节，同时也可以通过改变思考问题的角度，以及有个长远的人生目标。如果不想你的人生浑浑噩噩地过去，那么就行动起来吧！从生活中的每一件小事做起，成功终将属于你。

第五，坚忍的心。做事情只有热情是不行的，你一定要具备一颗坚忍的心。做事"三分钟热情"的人常有,然而没有几个能够到达胜利的彼岸,多数都是浅尝辄止。其主要原因是,缺乏毅力。毅力能够决定我们在面对艰难、失败、诱惑时的态度,看你的毅力是否能够坚持到最后。如果你是个很胖的人,想变得美丽,就得去减轻身上多余的负担;如果你的事业受挫,想重整旗鼓,就得从头开始,一步一个脚印;如果你想做好任何事情,那么你一定要具有毅力,做事情如果没有毅力做基石,那么你注定会失败。

毅力是你动力的源头,能把你推向任何想追求的目标。一个人做事是勇往直前或是半途而废,就看他们是否具有毅力的"情绪肌肉"。单单埋头苦干并不表示你就拥有毅力,你必须能够观察到现实情况的变动,并不失时机地改变自己的做法。

第六,变通的心。你要有一颗变通的心,它会帮助你更快地取得成功。根据目标做出相应的改变,是一种弹性的做事方法。

一条小河的目标就是有朝一日能够融入大海的怀抱,所以它经历重重阻挠,绕过高山与岩石,又穿过森林和田园,一路奔腾,畅行无阻。可是当它来到沙漠时,却被困住了,因为无论它多么努力都无法越过沙漠,每次都是渗到泥沙之中。这时候，智者点醒了它，不要一味地向前冲，要学会利用一切优势，找到切实可行的办法，那么终会达成心愿。于是，小河投入了微风的怀抱，蒸发了，化作轻盈的水汽。第二天，它又化作了小雨点，终于融入了浩渺的大海，完成了它的心愿。

要你选择弹性，其实也就是要你选择快乐。每个人在人生中，都会遇到诸多无法控制的事情，然而只要你的想法和行动能保持弹性，那么人生就能永保成功。

第七，自信的心。如果自己都不相信自己的话，那么将没有人相信你！

如果让成年人去造句，他一定会信心百倍地说出许多优美的句子，然而让初学造句的小学生来完成，他就要绞尽脑汁地去思考，而且造出的句子也许还会出错，不尽人意。人们往往对于自己做过的事情有信心，就是因为对这些事情不陌生，也不恐惧。

如果想对未做过的事情有信心，就要在自己的内心建立强大的信念，"我有信心把它做好，我自己是最棒的。"想想你为什么没有信心？是因为你的胆子不够大，不够勇敢，怕失败？与其一个人担忧，不如把担忧的时间放在行动上，只要用心去做，不必考虑结果。正是因为你把心力放到了行动上，你往往会取得意想不到的成功。要记住，你因自信而美丽。

第八,快乐的心。快乐是人生的追求,要想让自己很容易变得快乐,你就必须有颗快乐的心。

有一只自卑的小蜗牛问妈妈说:"为什么毛虫和蚯蚓都没有壳,而我要背着这又重又硬的壳呢?"妈妈说:"因为我们要这个壳来保护我们自己。"小蜗牛说:"毛虫妹妹也没有,也走不快,为什么它却不用背着这个又重又硬的壳呢?"妈妈说:"因为毛虫妹妹能变成蝴蝶,天空会保护它。"小蜗牛痛苦地说:"我要是能飞该有多好呀!"小蜗牛又问:"可是蚯蚓弟弟同样也走不快,为什么它不用背着这个又重又硬的壳呢?"妈妈说:"因为蚯蚓弟弟会钻土,大地会保护它啊。"小蜗牛哭了起来:"我为什么不能钻入土中呢?要是像蚯蚓弟弟一样能够钻土该有多好呀!"妈妈安慰它说:"天空不能保护你,大地也不能保护你,所以你有壳保护着你呀!不要看到别人有的,要看到你自己所拥有的,你就会感觉到快乐,要快乐地面对生活。"悲观的小蜗牛知道了自己有壳而别人没有,开心地笑了。现在你知道什么是快乐了吗?拥有快乐的人,他的内心更多了一份坦然、达观,困难不能使他感觉到恐惧,也不会有挫败感,不开心的事情,也不会让他气愤。

第九，活力的心。保持一颗活力的心，首先，要有一个健康的体魄；其次，要保持有足够的精力。要想保持足够的精力，就要多多加强体育锻炼。研究发现，人越是运动就越能产生精力。人在运动的时候可以让大量的氧气进入身体，让身体器官都能充分活动起来。另外，每天睡眠保持在6~7小时。保持十足的活力、控制良好情绪，是获得美好生活的必要因素。

第十，奉献的心。当你独自走在路上，有位迷路的阿姨向你投出求助的眼神，你会无动于衷吗？当公交车上老人步履蹒跚地从你身边走过时，你还会坦然地坐着吗？帮助别人不仅能够丰富你自己的人生，而且你的心里会有无限的满足与兴奋。一个能够独善其身并兼济天下的人，那才叫活出了人生的真谛。拥有服务精神的人生观是无价的，如果人人都能效法，这个世界定然会比今天更美好。你应该在努力学习知识的同时，拥有属于自己的那份自信，并通过无私的付出与拼搏，取得真正的成功，并获得永恒的快乐，你便会拥有这世界上一切美好的东西。

量力而行，不要过分苛求自己

> 人生最大的敌人就是自己。因此，我们只要认识到了这一点，绝对不会傻到自己折磨自己的境地。

在日本，有一个品学兼优的青年，在参加一家公司组织的考试，之后公司公布的录取榜上却没有他的名字。这位青年得知这个失望的消息后，深感灰心，抑郁和绝望的阴影袭上心头，顿生轻生之心，幸亏医院抢救及时，才没有自杀成功。

过了不长时间，他应聘的那家大公司又给他发来消息：他的考试成绩名列榜首，只是在统计考分时，电脑出了故障。于是他被那家大公司录用了。但当那家公司知道了他自杀的事情时，坏消息又很快传来，他被公司解聘了。原因是：一个人如果连如此小的打击都承受不起的话，又怎么能适应公司高强度的节奏呢？又如何在公司建功立业呢？

这个青年虽然在考分上名列第一，打败了所有的竞争对手，但他没有打败自己那颗脆弱的心，结果使自己错过了一次机会。

在追求成功的道路上，又有多少人像这个日本青年那样，一时受挫而导致灰心丧气，甚至到了成功的峰巅自己还全然不知。他的失败在于，压力和脆弱扭曲了他的心灵，导致他的心理到了崩溃的边缘。

特别是当我们悲伤地躺在床上、任由失败的泪水横流的时候，其实泪水流湿的不是枕被，而是我们脆弱的心灵。我们大可不必这样，与其自己想不开而怨天尤人，不如自己擦亮自己的眼睛，找出障碍的解决之道，重新走出属于自己的一条道路，而不是跟自己过不去，更不是自己折磨自己。

当心情郁闷的时候，我们不妨到乡间小路上去大口大口地呼吸清新的空气，闻一闻泥土散出来的芬芳，看一看一望无垠的山野大地，听一听草丛中的蛙鸣、蛐蛐和溪水潺潺的万籁之音，我们的心境就会好些。

如果人们只想追求自己的快乐，这个愿望似乎很容易实现。但很多时候，我们的坏情绪都是来自自己身边的人，他们生气，我们自己也生气，他们发愁，我们自己也发愁。他们是我们情绪的传感器。所以，有时让自己快乐，首先得让别人快乐。因此，在一些小事上，我们不必和别人争个你死我活，更不必和别人逞强，这样无异于是自己折磨自己，自己不妨宽宏大量一些，先让别人多一些快乐，自己则会得到更多的快乐。

要想自己活得快乐，就不要让自己由于心的憔悴，而牢牢抓住自己或别人的小辫子不放。否则，世上的烦恼实在是太多了，没有必要一股脑儿地都装入大脑中，否则自己又怎么能够承受生活中更多的是是非非呢？

人们往往都是这样，简单的道理，一听就懂，不愉快发生在别人头上的时候，自己也会劝解。真有点"当局者迷，旁观者清"的味道，一旦事情落到自己头上，往往很难冷静处理。快乐同生活的其他道理一样，也需要历练。我们应该把生活中发生在自己头上的事情慢慢消解，这样时间长了，你在烦恼面前肯定会有惊人的免疫力。这时，我们会收获更多的幸福和快乐。下面有一个寓意深远的小故事：

有一回，一位父亲教他5岁大的儿子在开满鲜花的院子里使用割草机。当父子两个割得正高兴的时候，屋子里的电话响了，父亲进屋去接电话。而儿子则把割草机推上父亲最喜爱的郁金香花圃，不一会儿，就把郁金香花圃割了个七零八落。父亲接完电话看到这个满目狼藉的景象，非常愤怒，下意识地举起了他那握紧的拳头，这时孩子的母亲走了过来。

她立刻明白了是怎么回事，对丈夫温柔地说："人生最大的幸福是养育我们自己的儿女，而不是养郁金香。"父亲立刻消失了怒火，一切归于平静。

这个故事中的母亲是一个智慧的人，她知道，生活的一切烦恼都是因为小事而折磨自己，重要的是我们要抓住生命中最重要的东西，而不是那些具体的细枝末节。无休止的忧虑和愤怒对你来说，确实是太过残酷，更为可怕的是，自己在折磨自己。

第三章 宽容大度，方成大气

善于调节，忘记该忘记的

> 心灵的阳光，可以驱散一切严寒；而心中的阴霾，也可以挡住一切温暖。

学会自我调节，可以使我们的生活更轻松、更愉快；可以使我们远离那些忧郁、伤痛、焦虑等不良情绪。所以说，善于疏导自己的情绪，正确面对现实，以积极的态度应对各种环境和问题，增强自己的承受力，我们才能保持快乐的心情。

曾经有一个老妇人，有两个女儿，大女儿是卖伞的，二女儿是卖草帽的。每当晴天，她总会担心大女儿的伞卖得不好，而阴天又担心二女儿的草帽卖得不好，整天一副愁眉不展的样子。有人对她说："你应该这样想：晴天，二女儿的草帽就可以卖好了；阴天，大女儿的伞又可以卖得好了，这样你就天天高兴了。"老太太一听有理，所以从那以后每天她都高高兴兴的。

境由心生。我们没有办法改变客观世界，我们却可以把在主观意识里的影像，通过调整心中的那面镜子来改变自己的心态。一个人，如果拥有积极乐观的心态，就会很容易在困境中走出。反之，就会被自己牢牢地困在那里。

有个小女孩，出了车祸，被送进了医院，她的一只腿被撞伤了，打着厚厚的石膏。为了陪伴她，妈妈也住了进来。病房里有两张床，一张靠窗，一张在里面。女孩睡在里面这张床上，而妈妈则住在外边这张床上，以便更方便地照顾她。

小女孩不能动，妈妈每天都陪着她给她讲故事，给她描述窗外的景色：外面有一个池塘，里面有满塘的荷花，偶尔还会有飞来的蜻蜓落在上面。不远处还有一个公园，里面有一个好大好大的湖，每天湖上都会有好多的游人在那里游玩，还有好多的小孩子在那里玩捉迷藏。有个小孩子好调皮，不知把什么东西塞进同伴的脖领里去了，吓得那个小孩哇哇大叫……

女儿在那儿耐心地听着，不时发出咯咯的笑声。她要求和妈妈换一下床位，这样自己就不会寂寞了，但妈妈就是不肯，

第三章　宽容大度，方成大气

除非有一天她可以自己走过来。女儿哭闹，妈妈还是那句话。

妈妈就这样耐心地陪着女儿。有一次，妈妈有事没有来，就剩下小姑娘一个人留在屋子里。没有妈妈讲故事，小女孩感到很闷，于是便想到妈妈的床上，看一看窗外的美景。她努力着坐起身来，小心地移动着，慢慢地从自己的床上下来，然后一步步地向妈妈的床靠近，终于，她来到了妈妈的床边。令人不可思议的是，外面除了一堵光秃秃的墙外，什么都没有！

使你快乐或者不快乐的，不是你有什么、你是谁、你在哪里，而是你的心情。所以，失意时，不妨让自己换种心情；痛苦时，不妨让自己调整一下心态。对于乐观的人来说，处处都是天堂，而对于悲观的人来讲，则无处不是地狱。所以，学着让自己快乐起来，学着调整好心态，去面对生活中的风风雨雨。

忘记痛苦，苦水只会越吐越苦

> 人生最宝贵的，并非是物质上的富有，聪明的人，凡事都是往好处想，人在最强大的时候，不是坚持的时候，而是放下的时候。当你选择腾空双手，还有谁能从你手中夺走什么！生命是要懂得知足。

放下是消除一切烦恼最有效的一个方法。有一个故事正好能够说明这一点。

一艘游轮正在地中海蓝色的水面上航行，上面有许多正在度假中的已婚夫妇，也有不少单身的未婚男女穿梭其间，个个兴高采烈。其中，有位明朗、和悦的单身女性，大约60来岁，也随着音乐陶然自乐。这位上了年纪的单身女人，曾遭丧夫之

第三章　宽容大度，方成大气

痛，但她能把自己的哀伤抛开，毅然开始自己的新生活，重新展开生命的第二春，这是经过深思之后所做的决定。

她的丈夫曾是她生活的重心，也是她最为关爱的人，但这一切全都过去了。幸好她一直有一个嗜好，便是画画。她十分喜欢水彩画，现在更成了她精神的寄托。她忙着作画，哀伤的情绪逐渐平息。而且由于努力作画，她开创了自己的事业，使自己的经济能完全独立。

有一段时间，她很难和人群打成一片，或把自己的想法和感觉说出来。因为长久以来，丈夫一直是她生活的重心，是她的伴侣和力量。她知道自己长得并不出色，又没有万贯家财，因此在那段近乎绝望的日子里，她一再自问：如何才能使别人接纳我、需要我？

不错，才50多岁便失去了生活的伴侣，自然令人悲痛异常。但时间一久，这些伤痛和忧虑便会慢慢减缓乃至消失，她也会开始新的生活——从痛苦的灰烬之中建立起了新的幸福。她曾绝望地说道："我不相信自己还会有什么幸福的日子。我已不再年轻，孩子也都长大成人，成家立业。我还有什么地方可去呢?"

可怜的妇人得了严重的自怜症,而且不知道该如何治疗这种疾病。好几年过去了,她的心情一直都没有好转。

后来,她觉得孩子们应该为她的幸福负责,因此便搬去与一个结了婚的女儿同住。但是结果并不如意,她和女儿都面临着一种痛苦的经历,甚至恶化到大家翻脸成仇。这名妇人后来又搬去与儿子住,但也好不到哪里去。后来,孩子们共同买了一间公寓让她独住,这更不是真正解决问题的方法。她后来找到了自己的答案——我得使自己成为被人接纳的对象,我得把自己奉献给别人,而不是等着别人来给我什么。想清了这一点,她擦干眼泪,换上笑容,开始忙着画画。她也抽时间拜访亲朋好友,尽量制造欢乐的气氛,却绝不久留。许多寂寞孤独的人之所以会如此,是因为他们不了解爱和友谊并非是从天而降的礼物,一个人要想受到别人的欢迎或被人接纳,一定要付出许多努力和代价。要想让别人喜欢我们,的确需要尽点心力。她开始成为大家欢迎的对象,不但时常有朋友邀请她吃晚餐,或参加各式各样的聚会,并且她还在社区的会所里举办画

第三章　宽容大度，方成大气

展，处处都给人留下美好的印象。

后来，她参加了这艘游轮的"地中海之旅"。在整个旅程当中，她一直是大家最喜欢接近的目标。她对每一个人都十分友善，但绝不紧缠着人不放。在旅程结束的前一个晚上，她的船舱是全船最热闹的地方。她那自然而不造作的风格，给每个人都留下深刻的印象。

从那时起，这位妇人又参加了许多类似的旅游，她知道自己必须勇敢地走进生命之流，并把自己贡献给需要她的人。她所到之处都留下友善的气氛，人人都乐意与她接近。她终于走出了生活的阴影，变成了一个开朗乐观的人，重新拾回了属于她的那份快乐和幸福。

第四章

宽容处世的哲学

第四章　宽容处世的哲学

放下成见，换一个角度去理解他人

>生活中有许多这样的场合：你打算用愤恨去实现的目标，完全可能由宽恕去实现。
>
>——西德尼·史密斯

莫兰黛说："应该理解，必须理解。人类最高尚的目的就是理解一切，革命的捷径也是理解一切。"

人类在创始之初，天下只有一种语言，而不像现在这么复杂。人们往东方大迁移的时候，发现了一片宽广的巴比伦平原，就决定在那里居住下来。他们彼此商量着说：来吧，我们在这烧制砖头！他们真的就动手烧制起来。又说：来吧！我们建造一座城市，城里有高塔，插入云霄，好传扬人类的美名，以免分散到别的地方！

这个时候，上帝经过。他看见人们建造的城池和高塔，他对人类说：你们联合成一个民族，讲一种语言，就可以做这样的事情，可想而知，以后你们为所欲为，想做什么就做什么。来吧！将人类分散到世界各地，让他们有不同的语言，使他们无法沟通。

上帝的法术魔力巨大，塔没有建成，人类被分散到世界各地，说着不同的语言。上帝害怕人类的力量，用无法相互理解来减弱人类的力量，这是《圣经》里著名的故事。

有个失意的朋友打电话和我说，他苦闷、烦恼、忧郁，他说没有人理解他。我有些不知所措，因为不知从何说起，我想帮他，至少劝一劝他，可这必须有个前提，我必须理解他。于是我决定约他喝酒谈天，我相信语言的巨大魔力。

要想帮助别人，先得理解别人，通过沟通知道问题所在。就像故事暗示的，只有相互理解才能创造出无穷的力量。而有时理解本身就是一种肯定，一种帮助。

拿破仑在一次逃命的时候，藏在一个毛皮商人的一大堆毛皮底下，当拿破仑躲过士兵的搜捕后，商人问："当你走投无路的时候，是一种什么样的感觉？"拿破仑愤怒地向商人说："你竟然对皇帝问这样的问题？警卫，把这个不知道轻重的人带出去，处决了！"可怜的商人，心顿时凉透了，无奈、恐惧、绝望一下堆满心头。

过了一会儿，拿破仑才笑嘻嘻地对商人说："你现在知道我那时候的感受了吧？"这个玩笑告诉我们，要理解对方，就要从对方的角度着想。在失意、挫折的时候，千万不要当作没有看见，而应该多关怀，多帮助。你愿意别人怎么样对你，你也要怎么样对别人。

要设身处地地为人考虑，才能理解对方的痛苦和不幸。

富兰克林说："如果你辩论、争强、反对，你或许有时获得胜利，但这胜利是空洞的，因为你永远不能得到对方的好感。"

每个人所处的环境和位置不同，因此，所观察的角度也会不同，得出的结论和看法自然也就不会相同。所以，如果别人与我们的观点不一致，并不说明他们一定就是错的。此时，我们要学会站到对方的角度来看待问题，这也就是我们通常所说的换位思考。尤其是两个人意见不同或发生矛盾的时候，把自己置于他的位置上，揣度如果你是他你会如何处理，这样一来，你不但能理解对方的处境，更能为彼此合作找到新的默契点。

有一个人寿保险公司的推销员，曾多次向一位客户推销保险，但任凭他磨破了嘴皮，跑烂了皮鞋，客户就是不买他的账。但不久，他听说那位客户投保了另一家保险公司，而且数额不小。推销员百思不得其解，这是为什么呢？原来在他第一次向客户推销不成时，他临离开时说了一句表示决心的话："我将来一定会说服你的。"而那位客户也回敬了一句："不，你做不到——毫无希望！"推销员就这样失去了一笔大生意。

明人陆绍珩说，人心都是好胜的，我若也以好胜之心应对对方，事情非失败不可。人都是喜欢对方谦和的，我以谦和的态度对待别人，就能把事情处理好。这就是人性的普遍性。

无论是推销商品，还是说服人做某事，我们都要记着这个原则。我们要让别人同意自己，就要考虑到对方和我们一样，有好胜的愿望，有受到尊重的需求，有需要顾全的脸面。如果不考虑到这些，失败就永远都是必然的。

第四章　宽容处世的哲学

有一个汽车推销员，很少能成功地卖出汽车，他很喜欢和人争执。如果一位未来的买主对他出售的汽车说三道四的话，他就会恼怒地截住对方的话头，与对方辩论。每次他都能把对方驳得哑口无言，但同时，他也没有能卖给对方一点儿东西。为什么？他将对方的理由击得漏洞百出，他觉得很好，对方则觉得自尊受到伤害，于是要反对你的胜利。这就是这个推销员失败的原因。

以己之心度人，换位思考，这是我们做人时必须做到的，否则，很容易一败涂地。自我的低调，可以帮助别人树立必胜的信念，并在同时帮助你成功。你认识了那个真实的自己就会明白别人需要什么，当你给予了别人他需要的东西时，那就意味着你的成功。

你要让对方同意你，你就要谦和。千万不要一上来就宣称："我要证明什么什么给你看。"那等于是说："我比你聪明，我要让你改变想法。"我国古代触龙说赵太后的故事，就是一个以谦和说服人的例子，至今仍有积极意义，值得我们学习借鉴。

战国时代，赵惠文王死了，孝成王年幼，由母亲赵太后掌权。秦国乘机攻赵，赵国向齐国求援。齐国说，一定要让长安君到齐国做人质，齐国才能发兵。长安君是赵太后宠爱的小儿子，太后不让去，大臣们劝谏，赵太后生气了，说："再有劝让长安君去齐国的，老妇我就要往他脸上吐唾沫！"左师触龙偏在这时候求见赵太后，赵太后怒气冲冲地等着他。触龙慢慢走到太后面前，说："臣的脚有毛病，不能快跑，请原谅。很久没有来见您，但我常挂念着太后的身体，今天特意来看看您。"太后说："我也是靠着车子代步的。"触龙说："每天饮食大概没有减少吧？"太后说："用些粥罢了。"这样拉着家常，太后脸色缓和了许多。触龙说："我的儿子年小才疏，我年老了，很疼爱他，希望能让他当个王宫的卫士，我冒死禀告太后。"太后说："可以，多大了？"触龙说："十五岁，希望在我死之前把他托付了。"太后问："男人也疼爱自己的小儿子吗？"触龙说："比女人还厉害。"太后笑着说："女人才是最厉害的。"这时，触龙慢慢地把话头转向长安君的事，对太后说，父母疼爱儿子就要替他打算得很远。真正疼爱长安君，就要让他为国建立功勋，不然一旦"山陵崩"(婉言太后逝世)，长安君靠什么来在赵国立足呢？太后听了，说：

"好，长安君就听凭你安排吧。"

　　触龙很懂得说服人的方法。他谦和，善解人意，在整个谈话过程中，避免与太后正面冲突。他站在太后的角度替太后着想，让自己的意见变成太后自己的看法。他没有教给太后什么，而是帮助太后自己去发现。最终使看似不可理喻的太后同意了自己的意见。

　　我们都是平凡人，所以，无论做什么事都不要把自己凌驾于他人之上。给予他人建议时一定要换位思考，这样，我们就可以取得应有的成效。

懂得尊重，为别人留一分颜面

我们可以拒绝，拒绝没有错。但如果拒绝的方式用得不恰当，也许就是错了。对于一份真诚的感情，如果不能接受，最起码也要尊重。我们有义务为对方守口如瓶。得容人处且容人，何必令人陷入尴尬的境地。

我像所有的年轻人一样，都有着相同的骄傲和虚荣。很多时候我们不懂得尊重别人，记住：给人一个梯子就是善。

曾经在运动场的草坪上，听到一位女孩子公开朗读她收到的一封求爱信，她读完之后周围竟然响起一阵掌声，接着是一阵阵的笑声。人群中有位男孩红着脸转身离开了，然后就有女生指着男孩的背影叽叽喳喳，原来是他。

我曾在酒吧里听到一位男士在惟妙惟肖地讲述那位坐在他

第四章 宽容处世的哲学

的办公室对面的女职员,如何如何倾倒在他的潇洒风度之下。于是,当场有人打趣道,那位敢追你的女孩一定是超级开放型,如有机会一定认识认识她。

我想这样拿别人的感情当作炫耀的资本和茶余饭后的笑料,除了证明自己的肤浅和没有修养之外,证明不了什么。谁都有可能爱上别人,谁都可以被别人爱上,这都没有什么大惊小怪的。

很多时候,我们只要多一份尊重,给人留个梯子,就是帮助了别人。每个人都有自尊心,那就如同心里的敏感区域不能触碰,哪怕你是想帮助别人,也不要忘记给人留一个梯子,让对方从容地下台,让一切悄悄结束。

不管是谁都会犯错误,不管是谁总有需要帮助的时候,情况就是这么简单。有时若能多为对方着想,和人相处会就变得简单很多。

记得以前有个朋友和我说起过念研究生时候的故事。她有一次去年轻教授家请教几个重要的问题,来到教授家以后,发现门是虚掩着的,于是,她轻轻地推开,结果看到了让她惊讶的一幕:教授正拥吻着一个女孩子,而那个女孩子也是教授的学生。

教授和那位女同学都傻在了那儿，不知所措，不知道接下来会发生什么。在那个时候，学生和老师的感情是绝对忌讳的。然而我的这个朋友做了她以后引以为骄傲的事情：她满脸笑容地说，"教授，我也是您的学生，您可不能偏心啊。"教授才反应过来他的这个学生是在和他开玩笑，知道学生没有认为他的这段感情有什么问题，尴尬和担心马上消失了，年轻的教授眼睛却湿润了，他感激我朋友的理解和宽容。

后来听说那位教授娶了那天拥抱在一起的女孩子，因为我朋友的理解和宽容，让他有勇气去面对世俗的偏见。那位朋友还保存着一张教授寄来的卡片，上面写着：我永远感激你的善良和智慧，是你拯救了我。

第四章　宽容处世的哲学

给别人让路也是给自己让路

> 在人生道路上能谦让三分，即能天宽地阔，消除一切艰难，解除一切纠葛。
>
> ——卡耐基

我们生活在这个复杂的社会中，每天都会有许多意想不到的事情发生，对于一些事物，我们不能太较真，要学会理解，因为每一件事物都有着双面性，每个人处理和对待它的方法都是不一样的，较真往往会使我们钻牛角尖，使人执着于一念，甚至陷入迷茫。

张某和王某在大街上相遇，边走边聊。

张某说："咱们都是穷哥们儿，要是咱们能捡到一笔钱那该有多好呀。不过,如果我们真捡到了钱,我们两个该怎么办呢?"

王某接着话茬儿说:"怎么办?我们俩一人一半分了就完了呗。"

张某立刻表示反对:"不对,应当是谁捡到就归谁才对,凭什么我分给你一半呢?"

王某反驳说:"咱们两一块儿走,捡到钱,你却想一个人独吞,你真是个守财奴,一点儿都不够朋友,我算是看走眼了,真不应该和你这样的人做朋友。"

王某说完,张某的拳头就抡了过来。就这样,两人你一拳,我一脚,打得不可开交。

这时,路上就来了一个人,大声喝道:"两个猪狗不如的畜生,在路上打什么架呀!"说着就过来拉架。

张某和王某一听,顿时怒火上来了,异口同声地说:"关你什么事,你算什么东西!"劝架人也不示弱,说:"我也不是好欺负的。我今天就偏要管了,怎么着?"话还没说完,张某和王某的拳头雨点般地落到他的身上。

不一会儿,三个人都挂了彩,累得气喘吁吁地倒在地上,正好县太爷路过这儿,看到这一场景,感到很奇怪,于是,就问他们:"是谁把你们打成这个样子的?"

三个人只好一五一十地把事情的经过全说了。

县官听了,哈哈大笑起来,三个人都愣在那里,不知所措。县太爷严肃地说:"我还以为你们真拾到钱了。你们三个不好好地在田里耕作劳动,在这里没事找事来了。来呀,每人各打五十大板,看看以后还有没有人敢没事找事?"

故事是说,人做什么不能太过较真,不能过于敏感,三个人为了本不存在的钱财大打出手,可谓愚不可及。

所以说,当我们与别人相处的时候,要尽量相互体谅才是,不妨自己也学着大度一点儿,心胸宽大一点儿,做事求大同存小异就可以了,这样,做人处事左右逢源,使得万事顺心如意。反之,如果你眼里容不得半粒沙子,遇事过分挑剔,即使是鸡毛蒜皮的小事也要论过是非曲直,就不会有人愿意与你打交道,那么,你的人际关系注定是失败的。

对别人仁慈永远不会徒劳。即使受者无动于衷,至少施者可以获益。

印度谚语说:"帮助你的兄弟划船吧,你自己不也过河了?"

曾经有一名商人在一团漆黑的路上小心行走,心里懊悔自己出门时为什么不带照明工具。忽然,在他眼前出现了一点儿光亮,并渐渐地靠近。灯光照亮了附近的路,商人走起来也顺畅了一些。待到他走近灯光,才发现那个提着灯笼走路的人竟然是一位盲人。

商人十分奇怪地问那个盲人:"你本人双目失明,灯笼对你一点儿用处也没有,你干吗要打灯笼浪费灯油?"盲人听了,慢条斯理地回答说:"我打灯笼并不是为给自己照路,而是因为在黑暗里行走,别人看不见我,我便很容易被人撞倒。而我打着灯笼虽然不能帮我看清前面的路,却能让别人看见我。"

有时候,就在自己帮助别人的时候,也为自己带来了意外的收获。在起伏曲折的人生中,每个人都需要别人的帮助,当自己有能力帮助别人的时候,不要吝啬,不用担心,伸出手付出的时候,你也会得到很多。

以前有位作家，由于心脏不好，一年多以来一直躺在床上不能动。最长的旅途是去花园散散步，即使那样，他也得在亲人的扶持下才能行走。战争爆发了，作家所在的城市陷入了一片混乱之中。而为了躲避炸弹，他就住到了离家很远的一家医院里去。医院里人很多，有从战场上救下来的士兵，也有各种各样的病人。

这位可怜的作家，因为离开了家，只能和其他病人住在一起，而医院的病床很紧张。作家决定把床位让给更需要的人，而自己还主动去帮助医院里其他的人。他努力为失去丈夫的妻子打气，还帮护士接听电话。他越来越忙，好像忘记了自己的病痛，已经像个健康人一样生活了。

战争是一场悲剧，可是却能让人坚强起来。这位作家在帮助别人的时候，也让自己坚强起来，积极的态度战胜了病魔。他在帮助别人的过程中找到了一种力量，是这样的力量让作家的生活恢复了正常。

帮助他人的时候，对于给予帮助的人需要消耗一点儿时间和一些关怀的语言，有时候需要物质和精神上的付出，而这种付出都是不计回报的。可是在不经意间，收获更多。

有一个工厂遭受火灾，这对企业来说是致命的打击，几乎要破产。大家都以为老板要解雇很多人，而且工资也会成为问题。可是出乎大家的意外，老板像没有发生任何事情一样，没有解雇员工，也没有不发工资。工人们很感激老板，决定大家一起努力，渡过难关。在工厂重建的过程中，大家都把这事情当作自己的事情，大家团结得像一家人一样。工厂重建起来以后，大家拼命工作，每天加班到很晚，为的是把失去的时间赶回来。一年下来，工厂的效益不但没有因为火灾受到损失，反而比往年要好很多。

给别人让路，就是给自己让路，正如国人所说："善有善报。"我想这是很有道理的。

坦然做人，释放你的信任

> 我们在分给他人幸福的同时，也能正比地增加自己的幸福。
> ——边沁

艾默生说："你信任别人，别人才对你忠实。以伟大的风度待人，别人才表现出伟大风度。"

从前，有两个饥饿的人在沙漠里得到了一位长者的恩惠：一根鱼竿和一篓鲜活硕大的鱼。其中一个人要了一篓鱼，另一个人要了一根鱼竿，他们分道扬镳了。得到鱼的人就在原地用柴火搭起篝火煮起了鱼，他狼吞虎咽，连鱼带汤吃个精光，不久，他就饿死在空空的鱼篓旁边。另外一个拿了鱼竿的人，继续忍住饥饿，艰难地向海边走去，但是当他快要穿越沙漠，看到大海的时候，他已经用完了所有的体力，只能带着遗憾离开了人间。

又有两个人穿越沙漠，同样一个人要了一篓鱼，另一个人要了一根鱼竿。只是他们没有各奔东西，而是一起商量共同去寻找大海。他们每次只煮一条鱼，经过漫长的跋涉，鱼吃完了，他们也终于来到了海边。他们用那根鱼竿开始了捕鱼的日子，几年后他们盖起了自己的房子，有了自己的渔船，过上了幸福的生活。

故事很简单，但是意义却挺深刻。存在主义哲学家说过，他人即是地狱。互相折磨、互相敌对的人际关系成了生活中的地狱。但若像故事中的主人公一样，只要相互帮助就可能创造出完全不同的结果。每个人的能力是有限的，而相互合作、相互帮助成为摆脱困境的，享受生活的重要一条。

在我的理解中，如果自私自利，把自己封闭在自己的世界里，对他来说，他人的确是地狱。他摆脱不了自己的局限，甚至总在怀疑别人，生活在仇视别人的怪圈之中。

人们不得不戴上各种面具，按各种社会角色生活，心与心之间隔得越来越远,人们行色匆匆,即使是生活在一个屋檐之下,一起工作一起生活,也免不了相互算计,相互误会。掀去沉重的面具,自由呼吸,无所畏惧,坦然做人,帮别人,也帮了自己。

君子成人之美，不成人之恶

人和人的关系有点复杂，很多时候我们之间有着竞争，又相互依赖。成人之美需要我们有着宽广的胸怀，有着非凡的气度。

丰子恺说："全为实利打算，换言之，就是极其极端，做人全无感情，全无义气，全无趣味，而人就变成枯燥、死板、冷酷、无情的一种动物。这就不是'生活'，而仅是一种'生存'了。"

春秋时候，楚庄王一次大宴群臣。酒宴闹到日落西沉，大家还未尽兴。楚庄王唤来士兵，点起灯烛，又令侍从搬来好酒，让大家喝个尽兴，还找来妃子跳舞助兴。

第四章　宽容处世的哲学

忽然刮起一阵大风,一下子把灯烛吹灭。宫殿中一片漆黑,一位喝得半醉的将军忙乱中起身,因为被妃子的美色打动,在酒精的作用下,欲非礼妃子。妃子大惊失色,不过当时没有声张,只是摸着将军的头盔折断了上面的盔缨。

王妃走到楚庄王面前,大声呼叫,说在黑暗之中,有人趁机非礼她,她还折断了那人的帽缨,请大王找出那位无礼的大臣,问他的罪。大家听到了妃子的话,整个宫殿都一片死寂,大家心里都清楚接下来的事情非同小可。

大家都看着楚庄王,他沉默片刻,接着哈哈大笑。"大家喝酒尽兴,酒后失礼不能责怪。我赏大家喝酒,为的就是尽兴,不为了这点事情坏了大家的兴致。来,大家把自己的盔缨都给我摘了。"

大臣们按照楚庄王的命令重新点了灯,那位醉酒的将军无地自容,群臣继续喝酒尽兴而散。在宴会上楚庄王暗暗观察大臣们的反应,心中明白了是哪位大臣。更令人不解的是,在宴会之后,楚庄王竟然把王妃赐给了那位无礼的将军。

3年后楚晋大战。有一位将军身先士卒,奋不顾身冲杀在队伍的最前面。舍生忘死的将军战功赫赫。没错，这位将军就是当年宴会上非礼王妃的那个人，为了报答楚庄王的恩情，肝脑涂地在所不惜。

当宽厚待人内化成一种修养的时候，可以成为一种人格魅力。成全别人的好事，为他人鼓掌。把掌声送给别人不是刻意抬高别人，贬低自己，更不是吹牛拍马、阿谀奉承，而是对别人的成就和优点的肯定。为他人鼓掌的人心态让我们能看到别人的优点，而一个愿意为别人鼓掌的人也会得到更多的掌声。

第一次登上月球的航天员，其实共有两位。除了大家所熟知的阿姆斯特朗之外，还有一位就是奥德伦。在庆祝登陆月球成功的记者会上，有一个记者突然问奥德伦一个很特别的问题："让阿姆斯特朗先下去，使他成为世界上登陆月球的第一个人，你是不是感觉到有点遗憾？"在全场有点尴尬的注目下，奥德伦笑了笑，很有风度地回答说："各位先生，请不要忘记，当航天器回到地球时，我可是最先走出太空舱的。"他环顾四周笑着说："所以我是从别的星球来到地球的第一个人。"大家听后，都在笑声中给予他最热烈的掌声。

君子成人之美，不成人之恶。帮助别人是一种善良，为他人鼓掌的时候则是一种魅力，一种风度。

忍小节，方能成大事

> 那些处于人生逆境中的人们，最大的败笔是惊慌失措、毫无主意和丧失信心。如果你陷入了其中的一项，你不仅不会脱离逆境，而且你的劣势还会扩大，甚至使你永不翻身。身陷困境最好要平静而耐心地等待时机。

中国有句老话："人在屋檐下，岂能不低头。"这句话如果我们从其有益的一面理解，正好说明了"忍"在客观现实于我们不利时的积极作用。这时的"忍"不是怯懦，而是胸襟大度的表现；这时的妥协也不是失败，而是成功的积蓄。从这个角度来讲，顽强执着是一种人生智慧，而忍让妥协则是另外一种智慧。

第四章　宽容处世的哲学

大家都知道，两点之间线段最短，但是，当我们站在人生的起点想要达到目的时，我们要走的路可能大多数时候不会是直线。所以，我们心里尽管会充满着成功的渴望，但我们也只能迂回前进，忍耐急于求成的急切心理，否则就很可能招致失败。

汉代韩信"胯下受辱"的忍让故事众人皆知。韩信出身贫寒，曾经饥一顿饱一顿在淮阴街头踯躅，如同乞丐。有一天，韩信走到一座小桥上，迎面来了一个无赖，堵住了他的去路，并羞辱他说："韩信，你整天带着刀剑，其实你是个胆小鬼。"韩信没有理会他，想从桥的右边走过去，但无赖挡住了右边；他要从左边走过去，无赖又挡住了左边。这时，围观的人群越来越多，无赖更神气了，他说："你若是有种就拿起刀，往我的身上捅一刀，没有这个胆量，你就从我的裤裆下面爬过去算了。"没想到，韩信真的从他的裤裆下面爬了过去。虽然当时在场的人都笑他无能，但智者能忍天下难忍之事，只要你学会忍让，即使再高明的激将法，在你的面前都会失去它的效力。后来，韩信果然辅助刘邦立下了汗马功劳，成为历史上有名的军事家。

清朝康熙年间，当朝宰相张英的"忍"历来也为人所称道。一日，张英接到远在安徽桐城的一封家书，信上写着：邻居修缮老屋，占用了张英家的地皮。为此，张母修书要张英出面干预。张英看罢来信，立即提笔写诗劝导老夫人："千里家书只为墙，让它三尺又何妨？万里长城今犹在，不见当年秦始皇。"张母见诗明理，立即将好端端的院墙拆除并退后三尺。邻居见此情景，深感惭愧，也马上把墙退后三尺。这样，在两家的院墙之间，就形成了六尺宽的巷道，从此便有了千古流传的"六尺巷"。事情就是这样：争一争，行不通；让一让，六尺巷。

到了近代，香港影视界巨子、邵氏兄弟电影公司的创办人邵逸夫的"忍"更是堪称后人学习的典范。有一次，在邵氏公司举行的一次盛大的酒会上，文化界、工商界的名流们以及走红的影视明星们齐聚一堂，邵氏公司的当家花旦、电影红星林黛及其母亲也应邀出席了酒会。

席间，大家都开怀畅饮，相互敬酒，气氛很是热闹。邵逸夫自忖不胜酒力，凡是遇到有人向他敬酒，他都会礼貌地回避。这时，林黛的母亲也举起酒杯向邵逸夫敬酒，可能是邵逸夫精神不集中没有注意到她,所以没有"接招"。林母面带怒气又带醉意,跟跟跄跄地走到邵逸夫跟前,猛地将杯里的酒全泼到邵逸夫——这位炙手可热的大老板的脸上。

顿时,全场变得死一般沉寂,林黛则大惊失色,忙起身向邵逸夫赔罪。

在众目睽睽之下,邵逸夫尊容受辱,难免恼羞成怒,真想当众将林母逐出酒会。但他并没有发作,只是"嘿嘿"一笑,然后又边拍西装上的酒水边若无其事地说:"老太太是喝醉了,大家千万别见怪,请继续喝酒吧!"

邵逸夫一句轻描淡写的话不仅给公司明星林黛及其母亲当众留了面子,又对这一突发事件打了个很好的圆场,同时也不至于使自己精心操办的酒会不欢而散,真可谓是一箭三雕,一石三鸟!

这件事以后,林黛深深感念邵逸夫对自己的厚爱,自觉欠下笔难以名状的人情账,为邵氏公司忠心耿耿效力到死。她还曾这样对人说:"邵老板这样做,对我来说是一份永远也还不清的人情账呀!从此以后,只要邵老板在世,我是永远也不能离开他的邵氏公司的！我要用自己的演技来报答他。"

有时学会深藏你的拿手绝技，你才可永为人师。因此你演示妙术时，必须讲究策略，不可把看家本领都通盘托出，这样你才可长享盛名，使别人永远唯你马首是瞻。在指导或帮助那些有求于你的人时，你应激发他们对你的崇拜心理，要点点滴滴都展示你的造诣。含蓄节制乃生存与制胜的法宝，学会忍耐是走向成功的一大方法，在重要事情上尤其如此。

"能忍者，方为人上人。"坚忍是人们战胜困难、奋起前行、走向成功彼岸的强有力保证。古往今来，凡能成大事者，无不是能忍常人之不能忍，能吃常人不能吃之苦的坚忍之士。

在春秋战国时期，作为战国四君子之一的孟尝君，担任过齐国宰相，声望极高。他养了许多门客，有一位门客与孟尝君的妾私通。于是有人将此事报告给孟尝君说："他身为主人的门客，不但不知恩图报，而且还暗中和主人的妾私通，应当将他处死。"孟尝君听后淡然地说："喜爱美女是人之常情，以后不必再提了。"

一年后，孟尝君召来那位门客，对他说："你在我门下已经有一段时间了，到现在还没有适当的职位给你，心里很不安。现在卫王和我私交很好,不如你到卫国去做官吧,我替你准备上路的车马银两。"

这位门客果然受到了卫王的赏识和重用。后来齐国和卫国关系紧张,卫王想联合各国攻打齐国,此人则劝谏卫王说:"臣之所以能到卫国来,全赖孟尝君不计臣的无能,将臣推荐给大王。臣听说齐卫两国早已在先王的时候,就订下和约,双方永不相互攻伐。而陛下却想联合其他国家来攻打齐国,这不但背弃了盟约,还辜负了孟尝君的友情。请陛下打消攻打齐国的念头吧。不然,臣愿死在大王面前。"

卫王听后很佩服他的仁义,便顺了他的意,打消了攻打齐国的念头。齐国的人听后赞颂道:"孟尝君可谓善为事矣,转祸为安。"孟尝君实在是善治政事,竟然使齐国转危为安。

俗话说:"君子受人滴水之恩,当涌泉相报。"孟尝君正是平日的宽容大度,没有计较生活小事而获得食客的忠心,从而使齐国转危为安。而孟尝君的宽阔胸襟凭借什么?就是凭借了一个"忍"字。

《菜根谭》中说:"语云:登山耐侧路,踏雪耐危桥,一耐字极有意味。如倾险之人情,坎坷之世道,若不得一耐字撑过去，几何不堕入榛莽坑堑哉。"它告诉我们，不仅登山踏雪需要这个忍耐的"耐"字，当我们接触复杂的人情社会时，如果没有这个"耐"字，也很容易遭到丧身之险。"耐"字，其实质就是"忍耐"，就是"忍"。

俗语说："十年河东十年河西，"也就是相信目前虽然处于不幸的环境中，但是终究会有峰回路转的一天，以此来不断地提醒自己忍受现在的痛苦，等候时来运转。这种对前途抱乐观的希望使得忍耐有了价值。所以忍耐是有目的，等待着"柳暗花明"的这一天，否则毫无意义可言了。

自古人生多劫难，谁都会有不顺心的时候，都有遇到逆境的时候，其实这是促使自己身心成熟、准备宏图大展的机会。韩信忍受了巨大的"胯下之辱"，而后被刘邦封为大将。司马迁同样在遭受酷刑后，以巨大的忍耐力，顽强地抵抗不幸的痛苦，终于完成了旷世巨著《史记》。

"伏久者飞必高，开先者谢独早，知此，可以免蹭蹬之忧，可以消躁急之念。"就是说长期潜伏在林中的鸟儿，一旦有机会展翅高飞，必然一飞冲天；那些迫不及待而开放的花朵，必会早早凋谢。如果能了解这个道理，就会明白做事焦躁是无用的，只要能储备精力，大展身手的机会一定会来临。因此，身处逆境之中的人能够忍耐持久才是最重要的。只有抱着这种信念，最终才会领略到人生的辉煌。

能忍，方能守得云开见月明

忍耐是人的一种意志，是人的一种品质，忍耐反映出来的是人的修养。一个有修养的人，必定具备忍耐的意志和品质。在通常情况下，人们认为好汉不吃眼前亏。真正的好汉关注的是长远的根本利益，而不会执着于眼前的祸福吉凶。

有一句话说："吃得苦中苦，方为人上人。"忍耐也是一种苦，这种苦有时候是身体上遭遇的困苦，有时候是感情上被人伤害屈辱。比起身体遭受的困苦来说，精神的折磨要苦得多，因为它考验着一个人的意志力和承受力。

战国时，有一位名叫苏秦的人，自幼家境贫寒，温饱难

第四章　宽容处世的哲学

继。为了维持生计，他不得不时常变卖自己的头发和给别人做短工。但苏秦却怀有一番大志，他曾离乡背井到齐国拜鬼谷子为师，学习游说术。一段时间之后，苏秦看到自己的同窗庞涓、孙膑等都相继下山求取功名，于是也告别老师下山，游历天下，以谋取功名利禄。

苏秦在列国游历了好几年，但却一事无成，连盘缠也用完了。无奈之下，他只好穿着破衣草鞋，挑副破担子，垂头丧气地踏上了回家之路。

等苏秦回到家时，已是骨瘦如柴，全身破烂不堪，满脸尘土，狼狈得如同一个乞丐。苏秦的父母见他这个样子，摇头叹息；妻子坐在织机旁织布，连看都不看他一眼；哥哥、妹妹不但不理他，还暗自讥笑他不务正业，只知道搬弄口舌；苏秦求嫂子给他做饭吃，嫂子竟不理睬，自顾扭身走开了。

亲人的冷眼相待让苏秦无地自容，但他一直想游说天下，谋取功名，于是便苦苦请求母亲变卖家产，然后再去周游列国。

母亲狠狠地骂了他一顿："你不像咱当地人种庄稼去养家糊口，怎么竟想出去耍嘴皮子求富贵呢？那不是把实实在在的工作扔掉，去追求根本没有希望的东西吗？如果到头来你生计没有着落，不后悔吗？"哥哥、嫂嫂们更是嘲笑他"死心不改"。

这番话令苏秦既惭愧，又伤心，不觉泪如雨下："妻子不理丈夫，嫂子不认小叔子，父母不认儿子，都是因为我不争气、学业未成而急于求成啊！"

苏秦认识到了自己的不足后，扬名天下的雄心壮志仍然不改。于是，他便开始闭门不出，昼夜伏案发愤读书，钻研兵法。有时候，苏秦读书读到半夜，又累又困，不知不觉伏在书案上就睡着了。等醒来时，他都会懊悔不已，痛骂自己无用。可又没什么办法不让自己睡着，有一天深夜，苏秦读着读着实在倦困难奈，又不由自主地扑倒在书案上，但他的手臂却被什么东西刺了一下，于是便猛然惊醒了。苏秦抬眼一看，是书案上放着一把锥子。由此，他想出了一个不让自己打瞌睡的办法，那就是后来人们说的"锥刺股"：每当要打瞌睡时，就用锥子扎自己的大腿一下，让自己猛然"痛醒"，保持苦读状态。他的大腿因此常常是鲜血淋淋，目不忍睹。

家人见状，心有不忍，劝他说："你一定要成功的那份决心和心情可以理解，但不一定非要这样自虐啊！"

苏秦回答说："不这样，我会忘记过去的耻辱。唯如此，才能催我苦读！"他还经常自勉说："读书人已经决定走读书求取功名这条路，如果不能凭所学知识获取高贵荣耀的地位，读得再多又有什么用呢！"想到这些，苏秦更加忘我地学习起来。

后来，苏秦又想出了另外一个防止打瞌睡的办法，晚上读书时，把头发用绳子扎起来，悬在房梁上，一打瞌睡，头向下栽，揪得头皮疼，他就清醒过来了。这就是成语"头悬梁，锥刺股"的由来。

经过一年多夜以继日、废寝忘食的"痛"读，苏秦的学问有了很大长进，他信心满满地说："这下我可以说服许多国君了！"

后来，苏秦到各国去游说，用自己的学问说服了当时齐、魏、燕、赵、韩、楚六国的君王采纳他的意见，联合起来，共同对付强大的秦国。苏秦则独掌六国相印，可谓辉煌一时。

这个消息很快便传到了苏秦的家乡，他的父母兄嫂都后悔以前对苏秦的态度不好。听说苏秦要去赵国途经洛阳，全家人特地赶到洛阳城外三十里的地方，把路扫得干干净净，准备了丰盛的酒宴，跪着迎接他。

"忍人所不能忍，方能为人所不能为。"懂得吃"眼前亏"，是为了不吃更大的亏，是为了获得更长远的利益和更高的目标。

王江民是KV杀毒软件的发明者，他40多岁到中关村创业，靠卖杀毒软件几乎一夜间就变成了百万富翁，几年后又变成了亿万富翁，他曾被称为中关村百万富翁第一人。王江民的成功看起来很容易，不费吹灰之力。其实不然，他经历了很多困难，还曾被人骗走500万元。

王江民3岁的时候患过小儿麻痹症，落下终身残疾。他从来没有进过正规大学的校门，20多岁还在一个街道小厂当技术员，38岁之前不知道电脑为何物。王江民的成功，在于他对痛苦的忍受力。从上中学起，他就开始有意识地磨炼意志，比如爬山，五百米的山很快就爬上去了；下海游泳，从不会游泳喝海水，到会游泳，再到很冷的天也要下水游泳，以此锻炼自己在冰冻的海水里的忍受力。他40多岁辞职来到中关村，面对欺骗，面对商业对手不择手段的打压，他都能够毫不动摇。

第四章　宽容处世的哲学

中关村还有一个人就是华旗资讯的老总冯军,他是清华大学的高才生,读大学时就在北京有名的秀水街当翻译赚外快。毕业后他找到了一份好工作,有机会出国,他却因为不愿意受管束而拒绝了。

一次,他用三轮车载四箱键盘和机箱去电子市场,但他一次只能搬两箱,他将两箱搬到他能看到的地方,折回头再搬另外两箱。就这样,他将四箱货从一楼搬到二楼,再从二楼搬到三楼,如此往复。这样的生活,有时会让他累得瘫在地上坐不起来,但更需要承受的是心理上的落差。一个清华大学的高才生,要成天做这样的事情,并不是一件容易的事。

冯军发达起来后,又遇到了新的难题,就是与郎科的优盘专利权的纷争。邓国顺的朗科拥有优盘的专利,冯军的华旗却想来分一杯羹,邓国顺不答应,两家就起了纷争。冯军息事宁人想和解,天天给邓国顺打电话,但是邓国顺一听是冯军的声音就撂电话,逼得冯军不得不换着号码给他打。华旗在中关村虽然比不上联想、方正大名鼎鼎,可也不是寂寂无闻之辈,作为一个老板能这样低声下气地求人,都是为了公司的生意,这就是创业者需要忍受的另一种精神折磨。

波斯的著名诗人萨迪说过:"忍耐虽然痛苦,果实却最香甜。"所以,当我们身处逆境的时候,需要坚忍,才能磨炼意志;当我们遭遇失败时,需要坚忍,才能积蓄能量;当我们山穷水尽的时候,更需要坚忍,才能守得云开见月明。

退步,是为了更好地前进

> 化干戈为玉帛者是机智坦荡之人,化仇恨为友情者是胸怀博大之人。忍一时风平浪静,平息一点点怨恨,都会使人终身受益。

我们只要生存在这个社会中,就得要与各种各样的人打交道,这就免不了面临着有与别人发生矛盾与冲突的可能。有的人能与交往的人平和地相处,有的人却与周围的人为鸡毛蒜皮的事而纷争不断,其间的界限从心理上说就是能忍与不能忍。

许多时候滋生于别人的某一句话、某一个动作、某一个眼神或某一件小事,这都有可能成为你斗气的导火索。面对这些,有时你会假想别人是对你不尊重,假想别人是对你不利,假想别人是在攻击你。因此，你不要总是一本正经地对待小摩擦，不要一味地自以为是，这就会使你费神劳心，结果是自己跟自己过不去而斗气。假如你遇见一蛮汉、粗人迷信以拳头定输赢，动不动就跟人家比力气，甚至会打得你头破血流。所以在生活中，无论你有多么委屈，你都不要争一时之快，记住小忍人自安。

《三言二拍》里有这样一个故事：说一老翁开了家当铺，有一年年底时，来了一人空着手要赎回当在这里的衣物，负责的管事不同意，那人便破口大骂，可这个老翁慢慢地说道："你不过是为了过年发愁，何必为这种小事争执呢？"随即命人将那人先前当的衣物找出了四五件，指着棉衣说："这个你可以用来御寒用，不能少。"又指着一衣袍说："这是给你拜年用的，其他没用的暂时就放在这里吧。"那人拿上东西默默地回去了。当天夜里，那人居然死在别家的当铺里，而且他的家人同当铺人打了很多年官司，致使那家当铺家资花费殆尽。

原来，这人因为在外面欠了很多钱，他事先服了毒，本来想去敲诈这个老翁，但因为这个老翁的忍辱宽恕而没有得逞，于是便祸害了另一家人。有人将事情真相告诉了这个老翁，老翁说:"凡是这种无理取闹的必然有所依仗,如果在小事上不能忍,那就会招来大祸。"

要学会不在意,别总拿什么都当回事,别去钻牛角尖,别太要面子,别事事较真,别把鸡毛蒜皮的小事放在心上,别过于看中名利得失,别为一点儿小事而着急上火……动不动就大喊大叫,往往会因小失大,做人就要有"忍"的功夫。

人们总爱把大哲学家苏格拉底的妻子作为悍妇、坏老婆的代名词。据说,苏格拉底的妻子是个心胸狭窄、冥顽不灵的妇人。她经常唠叨不休,动辄破口大骂,常常使大哲学家窘困不堪。有一次,别人问苏格拉底:"你为什么要娶这么个夫人?"他回头说:"擅长马术的人总要挑烈马骑,骑惯了烈马,驾驭其他的马就不在话下。我如果还能受得了这样的女人的话,恐怕天下就再也没有难以相处的人了。"

所以说,与难说话的人交往,从另一个角度说对自己也是一种历练。每一个人总会有这样或那样的缺陷,如果不知容忍,你就没办法与人相处。就是在街上也会无意中碰撞上鸡毛蒜皮的事,人与人之间的矛盾、摩擦在所难免,你是咄咄逼人地斗气呢,还是息事宁人?退一步海阔天空更自在,进一步龙虎相斗两伤害。遇事彼此相让，矛盾就会消除在挥手之间。可现实中却有一些人好争一时之气，为本不足挂齿的小摩擦斗气，吵得不可开交，甚至刀棒相加，不惜轻掷血肉之躯，去换取所谓的"自尊"，这是多么的可悲可叹啊！

隋炀帝十分残暴，全国各地起义风起云涌，许多官员也纷纷叛变，转向投靠义军，因此，隋炀帝对朝中大臣易起疑心。

唐国公李渊悉心结纳当地的英雄豪杰，多方树立恩德，因而声望很高，许多人都来归附。同时，大家都替他担心，怕他遭到隋炀帝的猜忌。正在这时，隋炀帝下诏让李渊到他的行宫去晋见。李渊称病未能前往，隋炀帝很不高兴，多少产生了猜疑之心。当时，李渊的外甥女王氏是隋炀帝的妃子，隋炀帝向她问起李渊未来朝见的原因，王氏回答说是因为病了，隋炀帝不满地问道："那他会死吗？"

王氏把这消息传给了李渊，李渊并没有与隋炀帝斗气，他以忍为上，从此做事更加谨慎起来，因为他知道自己迟早会为隋炀帝所不容，但过早起事又力量不足，只好隐忍等待。于是，他故意败坏自己的名声，整天沉湎于声色犬马之中，而且大肆张扬。隋炀帝听到这些，果然放松了对他的警惕。这样，

才有后来的太原起兵和大唐帝国的建立。

的确，生活中有时会遇到意外情况，这往往使你陷入尴尬的局面，这时，如能采取某些妥善措施，让对方面子上好看些，那是再好不过的事，这会使对方永远感激你。千万别为了一场小争执、一次小摩擦而斗气，毁了他人也毁了自己，那是毫无价值的。斗气通常是发生在一时之间，是人的不满情绪的流露，忍一忍就会心平气和。

工作中，我们会遇到不快：被上司责备，就觉得心里不舒服；自己的工资比别人的低，觉得不公平；同事之间相处不好，觉得被排挤；每天加班无止境，觉得太委屈……不快乐的理由太多太多，我们要学会对其一笑了之，不要每天抱怨连天，要是斗气的心理在作怪的话，你就不会快乐，更会使你走向极端。俗话说：忍得一时之气，能解日后之忧。人们只要以律人之心律己，恕己之心恕人，保持宽容的心态，就能做个心宽体胖、事事顺畅的人。

每个人都希望自己的每一天都能过得开心，可是既然是生活，就总会有一些小波澜的扬起、小浪花的飞溅。在这种情况下，斤斤计较会让自己的日子过得阴暗、乏味，使自己的生活滑向苦闷的深渊。只有豁达的胸襟才能让每天的生活充满灿烂的阳光。

遇事需冷静，三思而后行

在面对生活时，人需要冷静；被人误解、嫉妒、猜疑时，人需要冷静；得意、顺利、富足、荣耀时，人需要冷静；面对金钱、美色、物欲的诱惑时，人需要冷静。

一个人无论做什么事都要三思而后行。若是只凭自己的一时意气用事，就会造成不堪设想的后果。当你的判断不够准确或没有得到事实证明时，要有耐心地等待几时。多加考虑思索一番，千万不要草率行事。

齐达内把足球运动演绎得异常完美，原本已经要退役的这名老将为第28届世界杯再次复出，这让无数球迷为之欢呼，这也是他最后一次向世人展示他的天赋。

第四章　宽容处世的哲学

在世界杯上一切都进行得那么顺利：漂亮的"勺子"点球，精彩的连过三人，以及在加时赛上还具有的惊人爆发力，这无不让人惊叹赞许，足球在他脚下似乎和他是融为一体的。然而在世界杯的决赛上，却发生了让全世界为之震惊的一幕：齐达内用头猛烈地撞击在马特拉齐的胸膛上！这个举动招致了一张鲜艳的红牌，齐达内含着泪水从大力神杯旁走过时，每一位球迷都为之伤感不已！

第二天的各大媒体都热烈地讨论马特拉齐到底说了什么，让如此成熟且有经验的老手居然会如此冲动。铺天盖地的报道都是认为齐达内当时不够冷静，马特拉齐在"耍阴谋"并得逞了，他利用了齐达内的冲动，使齐达内这个法国队的核心下场，从而削弱了对手的战斗力并战胜了对手。但这也得归咎于齐达内的不冷静，逞一时之快，留下的是后患无穷，本来是自己完美的谢幕却毁于失控的瞬间。人们在忧伤地送别齐达内的同时，他也为我们上最后一课——人要冷静。

一个人生活在社会上，免不了会遭到不幸和苦难的突然袭击。有一些人，面对从天而降的灾难能泰然处之，能使自己平静待之；而有的人面临突变时会方寸大乱。为什么受到同样的打击，不同的人会产生如此大的反差呢？区别在于人们能否学会冷静应对各种突如其来的变故。

科学研究表明，因为过度紧张、兴奋，会引起脑细胞机能紊乱，人就会处于惊慌失措、心烦意乱的状态，这时更会缺乏理性思考，虚构的想象会乘隙而入，使人无法根据实际情况做出正确的判断。可当人平静下来，再看先前的不幸和烦恼时，你会觉得所有的恐怖与烦恼只是人的感觉和想象，并不一定全部是事实，实际情形往往总比人冲动时的想象要好得多。人陷于困境往往缘于自身，是对自己和现实没有一个全面正确认识，在突变面前不能保持情绪稳定。因此，当你处于困境时，被暴怒、恐惧、嫉妒、怨恨等失常情绪所包围时，不仅要压制它们，更重要的是千万不可感情用事，随意做出决定。

比如，女人喜欢三五成群地一起出门购物，和一个女朋友出门的话，这个朋友就能给你好的穿衣意见，可是几个女人在一起时，冲动指数会以乘法增加。如果一个朋友抢先买下了你的理想衣服，另一个就可能耿耿于怀，强迫自己非买几件比别人好的才罢休。攀比时的脑袋是火热的，会给自己的购物冲动火上添油。冷静下来一看，说不定买的东西毫无价值。冷静的好处是，心态能在放松的情况下，独自理智地做一件事。犹如

第四章 宽容处世的哲学

购物,别人买到的好东西是别人的,而你要平静地找寻,说不定也会找到更适合自己的东西。

所以,冷静使人清醒,冷静使人沉着,冷静使人理智稳健,冷静使人宽厚豁达,冷静使人有条不紊,冷静使人高瞻远瞩。冷静与稳健携手,诸葛亮冷静、镇定,一座空城吓退司马十万兵;越王勾践冷静,反省卧薪尝胆图复国;鲁迅冷静,才有面对口诛笔伐"横眉冷对千夫指"的理智。但在不幸和烦恼面前,怎样才能使心冷静呢?

行之有效的办法不外乎是:尽情地从事自己的本职工作和培养广泛的业余爱好,暂时忘却一切,尽情享受娱乐的快感。只要你多给人们以真诚的爱和关心,用赞赏的心情和善意的言行对待身边的人和事,你就会得到同样的回报;要学会宽恕那些曾经伤害过你的人,别对过去的事耿耿于怀。宽恕,能帮助我们愈合心灵的创伤,相信自己的情感,千万不要言不由衷,行不由己,任何勉强、扭曲自己情感的做法,只能加剧自己的苦恼而使自己更冲动。

生活中有些人总是因为一些小事争执得你死我活,这样做值得吗?退一步,海阔天空。简简单单的七个字,蕴藏了多少人生哲理和经验?想一想,如果每个人都因为一点小事与亲人、朋友、同事大动干戈，伤了彼此间的感情与和气不说，最后吃亏的还是自己。

所以，我们应该学会用冷静的心态做事，这样做事才会更理智，才会增加成功的概率。

第五章

不因打翻牛奶而哭泣

第五章 不因打翻牛奶而哭泣

不因打翻牛奶而哭泣

聪明的人永远不会坐在那里为他们的损失而悲伤，却会很高兴地去找出办法来弥补他们的创伤。在人生中，谁都要面对无数的变化和危机，这是人生常事。

罗威尔说："幸运与不幸像把小刀，根据抓它的刀刃或刀柄，使我们受伤或得益。"也就是说，进步有一个准则，那就是不要为打翻牛奶哭泣。进步意味着允许犯错误，在错误中成长。这正如英国的戴维所说："我的那些最重要的发现是受到失败的启示而做出的。"

20世纪90年代，有一位泰国企业家玩腻了股票，他转而炒房地产，把自己所有的积蓄和从银行贷到的大笔资金投了进去，在曼谷市郊盖了15幢配有高尔夫球场的豪华别墅。但时运不济，他的别墅刚刚盖好，亚洲金融风暴出现了，他的别墅卖不出去，贷款还不起，这位企业家只能眼睁睁地看着别墅被银行没收，连自己住的房子也被拿去抵押，此外，还欠了相当一笔债务。

这位企业家的情绪一时低落到了极点，他怎么也没想到对做生意一向轻车熟路的自己会陷入这种困境。

他决定重新白手起家，他的太太是做三明治的能手，她建议丈夫去街上叫卖三明治，企业家经过一番思索答应了。从此曼谷的街头就多了一个头戴小白帽、胸前挂着售货箱的小贩。

昔日亿万富翁沿街卖三明治的消息不胫而走，买三明治的人骤然增多，有的顾客出于好奇，有的出于同情。许多人吃了这位企业家的三明治后，为这种三明治的独特口味所吸引，经常买企业家的三明治，回头客不断增多。不久，这位泰国企业家的三明治生意越做越大，他慢慢地走出了人生的低谷。

他的名字叫施利华，几年来，他以自己不屈的奋斗精神赢得了人们的尊重。在1998年泰国《民族报》评选的"泰国十大

第五章　不因打翻牛奶而哭泣

杰出企业家"中，他名列榜首。

作为一个曾经有着辉煌经历的企业家，施利华引起人们的关注是很自然的事情，特别是在他发达的时候，平常人即使想见他一面，或许需要反复预约。上街卖三明治不是一件怎样惊天动地的大事，但对于过惯了发号施令生活的施利华，无疑需要极大的勇气。

人的一生总会遇到数不清的屏障，这些屏障一些是别人设置的，它们不会以我们自己的意志为转移；而有一些是自己放的，比如，面子和身份，等等，它们完全可以由我们自己来调节。生活最后还是成就了施利华，它颠覆了一个房地产商人，却培养出了一个三明治老板，让他的生活开始了新的成功。

大部分人都看过曾经最畅销的书——《谁动了我的奶酪》，一旦当你拥有的"奶酪"变质或消失时，你能否像"嗅嗅"和"匆匆"一样坦然面对呢？相信不少人是属于那两个小矮人类型的，他们会一度陷入变化带来的恐惧、忧伤之中，或者有人能像"唧唧"那样最终战胜消极心态，走出痛苦和黑暗，迎接新的黎明，但也不否认有人就如"哼哼"那样永远地处于悔恨、失望的泥沼中，不能自拔。

任何人的工作和生活都不可能是一帆风顺的，失误和过错总在不断地出现。但我们总不能在自己给自己做的茧里不断后悔，总不能因于泥沼中不能自拔，生活是不相信眼泪的，有些东西明明得不到，有些错误明明已无可挽回，又何苦耿耿于怀、不能释然？伤感也罢，悔恨也罢，所有的叹息，所有的抱怨都是徒劳无益、无济于事的，都不能使你改变过去、挽回错误，都不能使你更聪明、更完美，并且还可能会使事情变得更糟糕。当你失去了太阳，请不必哭泣，因为你在哭泣的时候，可能连月亮也失去了。

　　从另一个角度讲，我们要相信上帝是公平的，他关闭你的一扇门，就一定会给你开启另一扇窗。在造物者的眼里，一切永远都是开始。在唯物主义者的眼里，生活总是辩证的，失去是另一种获得，获得又是另一种失去，生活总在失而复得、得而复失中不断循环。你在某一件事、某一阶段的过错和失败，不代表你人生的全部失败。即使在某一方面很不如意，那也不是生活的全部，生活中还有许多更美好的东西、更崇高的理想，为什么不能以坦然、从容、豁达的心态面对一切呢？既然拿得起，就要放得下，一切都是生活的一段经历而已，它让你开阔了眼界，增长了见识，锻炼了能力，磨炼了意志。

第五章　不因打翻牛奶而哭泣

卡耐基在事业刚起步时举办了一个成人教育班，并且陆续在各大城市开设了分部。他花了很多钱在广告宣传上，同时房租和日常办公等开销也很大，尽管收入不少，但过了一段时间后，他发现自己连一分钱都没有赚到。由于财务管理上的欠缺，他的收入竟然刚够支出，一连数月的辛苦劳动竟然没有什么回报。

卡耐基很是苦恼，不断抱怨自己疏忽大意。这种状态持续了很长时间。他整日闷闷不乐，神情恍惚，无法将刚开始的事业继续下去。

最后，卡耐基去找中学时的老师，老师跟他说了一句话："不要为打翻的牛奶哭泣。"

聪明人一点就透，老师的这句话如同醍醐灌顶，卡耐基的苦恼顿时消失，精神也振作起来，又重新投入到自己热爱的事业中去了。

后来，卡耐基常把这句话说给他的学生听，也说给自己听："是的，牛奶被打翻了，漏光了，怎么办？是看着被打翻的牛奶伤心哭泣，还是去做点儿别的。记住：牛奶打翻已成事实，不可能重新装回瓶中，我们唯一能做的，就是记住教训，然后忘掉这些不愉快。"

不必把时间浪费在后悔中。犯错误和疏忽大意原因的确在自己，人的一生中，谁敢说自己从没犯过错误？就连拿破仑，这个不可一世的伟人，也在他所有重要的战役中输掉了三分之一。或许我们失误的平均纪录并不比拿破仑更差，更重要的是，即使动用国王所有的兵马也不可能挽回过去。如果我们为打翻的牛奶哭泣，就如同我们向往着天边的一座奇妙的玫瑰园，却不注意欣赏就开放在我们窗口的玫瑰。我们总是不能及时领悟：生命就在生活里，在每天的每时每刻中。是谁说过，如果你心中对这个世界充满了不满，那么即使你拥有了整个世界，也会觉得伤心。

第五章　不因打翻牛奶而哭泣

善待不幸，找到另一个出口

> 人的一生，总是难免有浮沉。不会永远如旭日东升，也不会永远痛苦潦倒。反复地一浮一沉，对于一个人来说，正是磨炼。
>
> ——松下幸之助

1979年，我国台湾著名作家柏杨因为"美丽岛事件"被捕入狱，5年以后才被释放。5年的牢狱生活彻底地改变了他：把他从一个"火爆浪子"改变成为"谦谦君子"，他再也不像过去那样尖锐、激进，而是变得理性、温和。就连周围的人都感到惊奇："现在的柏杨很有同情心，也知道替别人留余地，不像从前，总是那么火辣辣的。"

柏杨说自己的狱中生活："我也曾经怨过、恨过。回忆那段日子，我经常睡不着觉，半夜醒来时发现自己竟然恨得咬牙切齿，如此，前后大约持续了一年。"后来，他意识到不能这样继续下去，否则，他不是闷死，就是被自己折磨死。

然后，他坦然地面对一切，开始大量阅读历史书籍，光是《资治通鉴》前后就读了三遍。这些书籍给了他宝贵的精神食粮，从这些书籍中领悟到：历史是一条长河，个人只不过是非常渺小的一点。他了解到，生命的本质原本就是苦多于乐，每个人都在成功、失败、欢乐、忧伤中反反复复，只要心中常保持爱心、美感与理想，挫折反而是使人向上的动力，甚至成为一种救赎的力量。

柏杨能够坦然地对待生活的坎坷，他没有耗费精力和生命去积聚那些只会变成尘土化作灰烬的东西，而是追求精神的收获和灵魂的坦然，最后他活出了人生的精彩。

坦然是一种心态、一种境界、一种状态，是意志的表现和毅力的释放，是经历了血与火，痛与苦、喜与悲之后的一种大彻大悟，是一种对人对事的心境，是一种放松和宽容的感觉，也应该是一种接受现实的积极态度，一种明白、通融、大度的

第五章 不因打翻牛奶而哭泣

处事态度。

坦然给我们的生活多了一份理智，坦然使我们自然有序地应对世间发生的一切不幸，坦然的人会撑起宽广的胸怀包容一切不幸。他们得到不会忘形，失去不会消沉，清醒地总结过去，冷静地面对现在，自信地迎接未来，总有一种成竹在胸的心态。

世界很简单，复杂的是人；生活很轻松，沉重的是感情。人生坎坷，大道多歧，人人都会经历许多大悲大喜，而喜，而忧，而欣喜若狂，而悲极以泣。事实上，活得简单些，活得朴实些，精神的坦荡，比物质的丰足更珍贵、更难得。

帕格尼尼是一位世界公认的最富有技巧和传奇色彩的小提琴家，是音乐史上最杰出的演奏家之一。可以说，他的一生都是在幸运与不幸之中度过的。他3岁学琴，即显天分；8岁时已小有名气；12岁时举办首次音乐会，即大获成功。然而与此同时发生的是，他4岁时出麻疹，险些丧命；7岁时患肺炎，又差点夭折；46岁时牙齿全部掉光；47岁时视力急剧下降，几乎失明；50岁时又成了哑巴。

在他的一生之中，除了儿子和小提琴，几乎没有一个家人和其他亲人。可是，上帝却让他成了一个天才小提琴家。他的琴声几乎遍及了世界，拥有无数的崇拜者，他在与病痛的搏斗中，用独特的指法、弓法和充满魔力的旋律征服了整个世界。几乎欧洲所有文学大师如大仲马、巴尔扎克、司汤达，都听过他的演奏并为之激动不已。著名音乐评论家勃拉兹称他是"操琴弓的魔术师"，歌德评价他"在琴弦上展现了火一样的灵魂"。李斯特在听过他的演奏之后，大喊道："天啊，在这四根琴弦中包含了多少苦难、痛苦和受到残害的生灵啊！"

有些时候，我们不得不承认，不幸是命运女神赋予一个人的另一种财富，只是这种形式很残酷，有的人能接受，有的人不能够接受。而一个人要想有所作为，就必须拥抱不幸，扼住命运的喉咙，这样才能走出不幸，开始自己崭新的生活。可以肯定的是，一个人曾有过不幸的经历，或正经历着不幸，并不是一件多么悲哀的事情，最大的悲哀是这个人一次性就被不幸击倒了，并且不试图去改变，龟缩在不幸的阴影下自怜自哀。

我们要学会坦然地面对人生，无论是人生的失败或者成功，都要有一种坦然的心态。人生在世，不能事事成功，也不可能事事顺利，当然我们的人生也不可能永远充满阴霾，也不可能永远辉煌。当我们成功时候,不要沾沾自喜,说不定下一步的就是我们所要面临的困境。当人生遭遇不幸的时候,也不要过分悲伤,总会有美好的时候。我们无论做什么,不妨坦然一些,成也自在,失也坦然。重要的是我们一定要保持一种乐观的心态,以积极的态度面对生活。

感谢挫折，它是超越自我的契机

> 人在身处逆境时，适应环境的能力实在惊人。人可以忍受不幸，也可以战胜不幸，因为人有着惊人的潜力，只要立志发挥它，就一定能渡过难关。
>
> ——卡耐基

挫折会成为我们人生路上的绊脚石，也会成为我们前进途中的助推器，关键看你用什么样的态度去面对。古今中外，许多成功人士都把挫折当作一笔财富，因为挫折给了他们智慧，给了他们勇气，给了他们毅力。海明威说过："世界击倒每一个人之后，许多人在心碎之处坚强起来。"挫折就像是大海中的一块礁石，如果没有它，人生就不会击起美丽的浪花。所以，在面对挫折时，我们要及时调整好自己的心态，将它由绊脚石变为垫脚石。

有人说，挫折是人生中的催熟剂，因为从挫折中走过来的人都会更加成熟、更加勇敢、更加充满智慧。但也有的人视挫折为人生最大的不幸，因为挫折会使人意志消沉，失去斗志。为什么同样的情况会有两种截然相反的观点呢？因为每个人承受挫折的能力不同。对于勇敢的人来说，挫折不但不会成为他们前进道路上的阻碍，还会成为磨砺他们，使其更加成熟和完善的一次机会。而对于懦弱的人来说，挫折却会让他们沉入失望的深渊中去。

罗曼·罗兰说过："人生就是战斗。"挫折是我们每个人前行路上都会遇到的，也是考验一个人智慧的终身课题。每个人都必须找到自己的排解方式，既不能逃避现实，也不能总是躲在阴暗的角落里自怨自艾。

爱因斯坦说过："一个人在科学探索的道路上，走过弯路，犯过错误，并不是件坏事，更不是什么耻辱，要在实践中勇于承认和改正错误。"对于挫折，我们应该采取一种正确的心态，将其向有利的方向转化。那么，我们应该如何来对待挫折呢？

第一，培养乐观自信的心态。乐观是人生的一剂良药，它可以让我们以一种更加愉悦的心情来面对生活中的各种困难。一个人的心态越乐观，那么他对困难的接受能力也就越强，他的行动也就会越积极，也就越能将问题解决。

乐观还可以防止我们产生自卑的心理。自卑是一种消极的心态，它会让我们不相信自己、怀疑自己，让我们在面对困难时失去勇气。而且自卑心理过重，还会让我们自暴自弃。据调查，许多有自卑心理的人都有自杀的倾向。因为他们的心理承受能力很弱，遇到困难就会怀疑自己。他们行动也比较缓慢，不会像乐观的人那样积极地想办法解决问题。

另外，就是建立自信。信心是一个人的精神支柱，它可以帮助我们更好地去面对困难。列宁说过："自信是走向成功的第一步。"一个人没有信心就不能经受住生活中遇到的各种困难，就不会再有前进的动力和勇气。一个人只要不失去信心，就没有失败，就有扭转困境的机会，就能看到希望，对前景也就更加乐观，也会以更加积极的心态去摆脱困境。

第二，正视现实，适应环境。正视现实，就是要求我们要正确看待挫折与现实，保持良好的接触，只有这样才能够尽自己的最大能力去改造环境。另外，就是要学会调整自己，因为

第五章　不因打翻牛奶而哭泣

外部的环境总是在不断地变化，如果我们不能根据环境的变化而调整自己，就肯定会碰壁。

这是我们避免挫折的一种办法，避免挫折也就是让我们少走弯路，让我们少犯错误。当然，这并不是教我们逃避困难，而是说我们应该尽量让自己降低失败的机率。我们只有根据不断变化的环境来不断调整自己的策略，才能够让自己少遭受挫折。

第三，增强承受挫折的能力。一个人的身体虚弱，通过锻炼就可以使之强壮。我们的思想也是可以通过锻炼而使其强壮起来的。一些喜欢从事冒险运动的人，他们承受挫折的能力就比常人强，因为他们通常都会面临很险恶的环境，也更加知道身临险境时该如何生存。所以，我们可以进行一些有针对性的锻炼，比如，登山、跳伞等。而且这也会使我们的身体得到锻炼。身体是承受艰苦生活和精神折磨的最根本的保证。一个人的身体状况好的话，那么在生活中面对困难时就会更加有勇气。而同一条件下，一个身体虚弱的人对挫折的承受能力就会差一些。

第四，多结交一些朋友。当一个人面临挫折的时候，他周围人的态度会对他产生极大的影响。如果周围的人都很积极乐观，那么他自己也就变得更有勇气，可以重塑战胜困难的信心；如果周围的人幸灾乐祸、落井下石，那么他就会否定自己，不相信自己，行动也会变得迟缓消极。

另外，人类是群居动物，必须生活在一个群体中，获得信息，寻求帮助，发泄情感。当我们遭遇挫折时，就会产生悲观、失落的情绪，而这些情绪如果可以及时发泄出来，就可以保持我们心理的平衡，有益于身心的健康发展。而朋友会是我们一个很好的倾诉对象，他们也往往会给我们一些有益的指导，或者一些安慰，帮助我们及时调整到正常的状态中来。

第五，给自己制定正确的目标。有时我们之所以会遇到挫折，往往是我们把自己的实力估计得太高、把目标定得太高，超过了自身的能力，最后遭遇失败。所以，我们在给自己制定目标时一定要适度，既不能太高，也不能太低。目标太高，实现不了，会挫伤我们的积极性；目标太低，很容易达到，也失去了自我激励的意义。所以，制定一个正确的目标，也可以避免我们遭遇挫折。

孟子曰：天降大任于斯人也，必先苦其心志，劳其筋骨，饿其体肤，空乏其身，行拂乱其所为。挫折是人生一笔宝贵的财富，经历一些坎坷是很正常的，没有经历苦难的人生是不完

第五章　不因打翻牛奶而哭泣

整的人生。如果你将过去的挫折看成是人生痛苦的回忆，而不是把看作一笔宝贵的财富好好加以利用的话，你就是在白白浪费你的宝贵资本。俗话说：吃得苦中苦，方为人上人。只有正视挫折，勇敢地面人生中所遭遇的种种苦难，才能磨炼出坚定的意志，赢取辉煌的人生。

美国作家布拉德·莱姆曾在《炫耀》中写道："问题不是生活中你遭遇什么，而是你如何对待它。"每一个胸怀大志的人，都不应该在面对困难的时候选择逃跑和放弃，而是应该在困难中得到磨炼，从而在失败中崛起、抗争，自强不息地走下去。

坚强的意志都是在苦难当中磨炼出来的，我们不要因为一时看不见成功就放弃了坚持，虽然我们还没有成功，可是我们在失败当中学会了磨炼自己，提高了我们战胜苦难的勇气。只要我们拥有了这种勇气，就一定能战胜苦难，赢得成功。

一位伟人说过："并不是每一次不幸都是灾难，早年的逆境通常是一种幸运，与困难做斗争不仅磨砺了我们的人生，也为日后更为激烈的竞争积攒了丰富的经验。"

我国著名的电影演员上官云珠，原本在一家照相馆工作。一个极为偶然的机会，她被一位"星探"发现了，于是电影公司便登门聘请她担当一部影片的主要角色，甚至还把她的彩照登上了报纸。不料她第一次拍戏竟然站在镜头前浑身发抖,一句台词也说不出来。导演虽然十分耐心地对她进行启发,但每次她都是在那里抖个不停。就这样,她的第一次明星梦彻底破灭了。但是上官云珠不甘心,后来她又在另外的一部影片里争取到一个角色。可是当正式拍摄时,她那个临场紧张的毛病又犯了。这来之不易的第二次机会也浪费掉了。面对两次失败,上官云珠既没有自卑自责,也没有放弃自己的梦想,而是以一种积极进取的态度,认真分析失败的原因,她意识到临场发抖是因为自己缺乏表演基本功、心虚胆怯造成的。于是她便进入业余剧团,在舞台演出中磨炼自己的基本功,积累经验,准备东山再起。终于在1941年,上官云珠参加了《玫瑰飘零》影片的拍摄,大获成功,成为家喻户晓的大明星。美国作家爱默生说过:"每一种挫折或不利的突变,都带着同样或较大的有利的种子。"试想如果上官云珠没有经受失败,"顺利"地第一次拍摄就通过了,而其实她的表演基本功很差,那么她就可能只是一个昙花一现的"明星",不会有其后来真正的辉煌。一个人不可能永远行走在成功的坦途上,总会有一段时间与失败

第五章 不因打翻牛奶而哭泣

握手，与失败同行。法国作家雨果说过："尽可能少犯错误，这是做人的准则。不犯错误，那是天使的梦想。尘世上的一切，都是免不了错误的。"

失败，会让人更加清楚自己以后的路怎样走，怎样去远离失败。如果人明确了这一点，而且始终坚信自己的能力，那么这时候，失败就成了走向成功的机遇。

印度圣雄甘地曾经说过："矛盾和不幸并非是坏事。有什么样的经验，结果就成为什么样的人——失败的经验越丰富，一个人的个性就越坚强。"也正是在他的领导下，印度同英国殖民主义进行了多年艰苦卓绝的斗争，期间甘地多次被殖民者逮捕下狱。但这些没有使他屈服，而是更坚定了他斗争的勇气，直到印度获得了独立。

所以，失败完全可以视作是成功的前奏，是完善自我的一种较为特殊的方式。只要我们在失败中真正地了解自己的不足，善加利用失败所带来的教训和经验，那么我们就会发现：失败其实并不是黑暗的低谷，而是黎明前的曙光。

可是，面对失败我们避之犹恐不及。难道还有谁会喜欢失败呢？更不要说是"屡战屡败"，就是一两次失败，也会让人觉得"大伤元气"。伴随着失败，人的自卑感逐渐弥漫开来。"我不行。成就大业，是那些有特殊才能的人或幸运儿的事，对我来说是高不可攀的……"于是，有人自认无能，从生活的跑道上退到一边，去做一个看客。殊不知，生活不是游戏，所以根本也不会有"观众"的席位，那么等待你的也就只有失败了。

失败还会使人怯懦。正所谓"一朝被蛇咬，十年怕井绳"。从此有人就变得缩手缩脚，前怕狼后怕虎，再也不敢去冒哪怕一丁点儿险，成了十足的懦夫。有人甚至还幻想要是时间能够倒流，那么失败也就可以避免了。可是这世界上又何曾有后悔药可以买呢？他们总是盯着失败的伤口，看着它流血，却不知赶快去包扎，而是深深地陷入悔恨自责中不能自拔。

失败会让人觉得耻辱。在一些人的眼中，失败是件很没面子、很不光彩的事情。让我们来看看这样一个笑话：一个老先生与别人下棋，三盘皆输，却还要嘴硬，称：第一盘，我差点赢；第二盘，他差点输；第三盘，我让他了。但他却死活不说"我输了"这三个字。难道失败真是这么令人讨厌吗？

明代洪应明说：恶劣的生存环境是锻炼英雄豪杰的熔炉和铁砧。能够经受它的锻炼的人，身心两方面都会受益；反之，身心则会受损害。用现代的话说，洪应明讲了一个"钢铁是怎样炼成的"道理。

每个人都会遭遇失败，其实失败一点儿也不可怕，可怕的是我们不能在每一次失败中吸取教训。如果我们把失败看作是一种磨炼自己的机会，那么我们经历的失败越多，内心就会变得越成熟。既然失败并非全然无益，我们也就没必要害怕它，要正确认识它，学会在失败中磨炼自己。

宽容别人就是善待自己

> 生活中不会宽容别人的人,是不配受到别人宽容的。但是谁能说是不需要宽容的呢?
>
> ——屠格涅夫

宽容别人,是一件很难做到的事,有时候,家庭成员之间发生矛盾,都会发展到老死不相往来的地步,但是,人世间需要宽容,你需要宽容,我需要宽容,我们大家都需要宽容。很多时候,我们为了一些小事埋怨家人、朋友、同事,造成很多的不愉快,回过头来想想,又觉得自己很幼稚,没有度量。

洛克菲勒曾经说过:"我需要强有力的人士,哪怕他是我的对手。"而他也一直是这样做的。

第五章　不因打翻牛奶而哭泣

洛克菲勒计划在短短几年内完成垄断，扫平石油原产地泰塔斯维所有的炼油厂，他坐镇在克利夫兰的美孚公司总部，严密地策划自己的计划，而他最大的敌人是亚吉波多。

石油大战以原产地的胜利而宣告结束，人们夜以继日地大量开采石油原油，日产量直线上升。这时，生产者同盟并未解体，亚吉波多是组织的领袖，当他及时察觉生产过剩的严重性后，决定在半年内不再开采石油。亚吉波多到处演讲，终于说服了疯狂开采石油的人。然而，洛克菲勒派出大批石油掮客前往泰塔斯维，他们腰包中塞满了现金，逢人便说要以每桶4.75美元的超高价购买原油，美孚石油公司每天将以现金收购15000桶石油。

这样的诱惑抛出后，曾被亚吉波多说服的产油商们重新挖掘新油井，亚吉波多发现情况不对头，拼命阻止，他大声说："美孚石油公司是条大蟒蛇，千万不要上他们的当！"可是，他这次没有能够阻止人们。

两个星期以后，美孚石油公司突然宣布：中止一切以原订价格购买原油的合约。

对此，洛克菲勒这样解释："现在石油产量供过于求，完全是你们的过错。美孚公司从未有过价格不变的承诺，疯子才会永远保持每桶4.75美元的回购价格，现在是每桶2.50美元，你们可以拒绝接受，但下个星期，每桶原油高于2美元我都不买了。"

产油者们虽然愤怒但却无可奈何，原油企业纷纷宣布破产。

两年后的一天下午，洛克菲勒向亚吉波多抛出了橄榄枝。他们在纽约的一家豪华饭店会面，亚吉波多失去了当初演讲时的神采飞扬，他的表情承认他被洛克菲勒打败了。但是，亚吉波多的失败主要源于产油商们急功近利，造成产量急剧上升，最后被洛克菲勒收购。而此刻，两个原本做了多年死对头的人坐在了一起，洛克菲勒主动向亚吉波多发出邀请，并热情款待了他，赞赏他是最能干的年轻人，两人密谈了几个小时之后拥抱在一起，肩并肩地共进晚餐。

亚吉波多接管了美孚公司的日常事务后，没有辜负洛克菲勒的厚望，他干得十分出色。洛克菲勒就是这样网罗人才的。他的一生中有过不少竞争对手，在这些竞争者中，他选出能力最强的人，不论之前双方是否有过激烈的争斗，他们都能互相宽容对方，放弃前嫌，为美孚石油公司的发展携手并进。

人在生气的时候，会影响身体的健康。据医学专家说：长期生气的人会引发很多慢性疾病，比如，慢性胃病等。特别是对于女性朋友来说，经常生气容易衰老，因为人在生气的时候血液流通不畅，而血液的正常循环是女性美容的关键，所以，长期生气的女人，不仅会影响到身体健康，也不利于美容。

总而言之，宽容别人就是厚待自己，让自己的身心健康，何乐而不为呢？在别人惹你生气的时候，不要那么冲动，你对别人横眉冷目于自己又没什么好处，再说这样就能够减轻或者消除别人对你的伤害吗？不能。反而恰恰会激起双方更深一步的争执和矛盾，如果你能主动地原谅别人，对方会对你刮目相看，或许以后你们能成为最要好的伙伴或同事，这样于己于人都有好处。